한 권으로

초등
수학

서술형

끝

※ 검토해 주신 분들

최현지 선생님 (서울자곡초등학교)
서채은 선생님 (EBS 수학 강사)
이소연 선생님 (L MATH 학원 원장)

한 권으로 초등수학 서술형 끝 1

지은이 나소은 · 넥서스수학교육연구소
펴낸이 임상진
펴낸곳 (주)넥서스

초판 1쇄 인쇄 2020년 3월 25일
초판 1쇄 발행 2020년 4월 02일

출판신고 1992년 4월 3일 제311-2002-2호
10880 경기도 파주시 지목로 5
Tel (02)330-5500 Fax (02)330-5555

ISBN 979-11-6165-870-4 64410
      979-11-6165-869-8 (SET)

www.nexusbook.com
www.nexusEDU.kr/math

생각대로 술술 풀리는

#교과연계 #창의수학 #사고력수학 #스토리텔링

초등수학

한 권으로

끝

나소은·넥서스수학교육연구소 지음

1

초등수학
1-1 과정

넥서스에듀

〈한 권으로 서술형 끝〉으로
끊임없는 나의 고민도 끝!

문제를 제대로 읽고 답을 했다고 생각했는데, 쓰다 보니 자꾸만 엉뚱한 답을 하게 돼요.

문제에서 어떠한 정보를 주고 있는지, 최종적으로 무엇을 구해야 하는지 정확하게 파악하는 단계별 훈련이 필요해요.

독서량은 많지만 논리 정연하게 답을 정리하기가 힘들어요.

독서를 통해 어휘력과 문장 이해력을 키웠다면, 생각을 직접 글로 써보는 연습을 해야 해요.

서술형 답을 어떤 것부터 써야 할지 모르겠어요.

문제에서 구하라는 것을 찾기 위해 어떤 조건을 이용하면 될지 짝을 지으면서 "A이므로 B임을 알 수 있다."의 서술 방식을 이용하면 답안 작성의 기본을 익힐 수 있어요.

시험에서 부분 점수를 자꾸 깎이는데요, 어떻게 해야 할까요?

직접 쓴 답안에서 어떤 문장을 꼭 써야 할지, 정답지에서 제공하고 있는 '채점 기준표'를 이용해서 꼼꼼하게 만점 맞기 훈련을 할 수 있어요.
만점은 물론, 창의력 + 사고력 향상도 기대하세요!

왜 〈한 권으로 서술형 끝〉으로
공부해야 할까요?

서술형 문제는 종합적인 사고 능력을 키우는 데 큰 역할을 합니다. 또한 배운 내용을 총체적으로 검증할 수 있는 유형으로 논리적 사고, 창의력, 표현력 등을 키울 수 있어 많은 선생님들이 학교 시험에서 다양한 서술형 문제를 통해 아이들을 훈련하고 계십니다. 부모님이나 선생님들을 위한 강의를 하다 보면, 학교에서 제일 어려운 시험이 서술형 평가라고 합니다. 어디서부터 어떻게 가르쳐야 할지, 논리력, 사고력과 연결되는 서술형은 어떤 책으로 시작해야 하는지 추천해 달라고 하십니다.

서술형 문제는 창의력과 사고력을 근간으로 만들어진 문제여서 아이들이 스스로 생각해보고 직접 문제에 대한 답을 찾아나갈 수 있는 과정을 훈련하도록 해야 합니다. 서술형 학습 훈련은 먼저 문제를 잘 읽고, 무엇을 풀이 과정 및 답으로 써야 하는지 이해하는 것이 핵심입니다. 그렇다면, 문제도 읽기 전에 힘들어하는 아이들을 위해, 서술형 문제를 완벽하게 풀 수 있도록 훈련하는 학습 과정에는 어떤 것이 있을까요?

문제에서 주어진 정보를 이해하고 단계별로 문제 풀이 및 답을 찾아가는 과정이 필요합니다.
먼저 주어진 정보를 찾고, 그 정보를 이용하여 수학 규칙이나 연산을 활용하여 답을 구해야 합니다.
서술형은 글로 직접 문제 풀이를 써내려 가면서 수학 개념을 이해하고 있는지 잘 정리하는 것이 핵심이어서 주어진 정보를 제대로 찾아 이해하는 것이 가장 중요합니다.

서술형 문제도 단계별로 훈련할 수 있음을 명심하세요! 이러한 과정을 손쉽게 해결할 수 있도록 교과서 내용을 연계하여 집필하였습니다. 자, 그럼 "한 권으로 서술형 끝" 시리즈를 통해 아이들의 창의력 및 사고력 향상을 위해 시작해 볼까요?

EBS 초등수학 강사 **나소은**

나소은 선생님 소개

- (주)아이눈 에듀 대표
- EBS 초등수학 강사
- 좋은책신사고 쎈닷컴 강사
- 시공사 아이스크림 홈런 수학 강사
- 천재교육 밀크티 초등 강사

- 교원, 대교, 푸르넷, 에듀왕 수학 강사
- Qook TV 초등 강사
- 방과후교육연구소 수학과 책임
- 행복한 학교(재) 수학과 책임
- 여성능력개발원 수학지도사 책임 강사

구성 및 특징

초등수학 서술형의 끝을 향해
여행을 떠나볼까요?

STEP 1 대표 문제 맛보기

핵심유형 1 ☆ 1부터 9까지의 수

STEP 1 대표 문제 맛보기

예진이는 문구점에 갔습니다. 문구점 진열대 위에는 연필, 지우개, 주사위가 있었습니다.
연필, 지우개, 주사위 중에서 수가 4인 것을 찾아 쓰려고 합니다. 풀이 과정을 쓰고 답을
구하세요. 8점

1단계 알고 있는 것 1점 진열대 위에 있는 것 : ☐ , ☐ , ☐

2단계 구하려는 것 1점 연필, 지우개, 주사위 중에서 수가 ☐ 인 것을 찾으려고 합니다.

3단계 문제 해결 방법 2점 ☐ , ☐ , ☐ 의 개수를 세어 ☐ 를 써보면서
해결합니다.

4단계 문제 풀이 과정 3점 연필을 세어보면 하나, 둘, 셋, 넷, 다섯, 여섯, 일곱으로 ☐ 이고,
지우개를 세어보면 하나, 둘, 셋, 넷이므로 ☐ 이고, 주사위를
세어보면 하나, 둘, 셋, 넷, 다섯, 여섯이므로 ☐ 입니다.

5단계 구하려는 답 1점 따라서 수가 4인 것은 ☐ 입니다.

12

처음이니까 서술형 답을
어떻게 쓰는지 5단계로
정리해서 알려줄게요!
교과서에 수록된 핵심
유형을 맛볼 수 있어요.

STEP 2 따라 풀어보기

STEP 2 따라 풀어보기 ☆ 정답 및 풀이 · 2쪽

동화 「아기 돼지 삼 형제」를 그림 그려 나타낸
그림입니다. 다음 그림에 있는 동물의 수
를 구하려고 합니다. 풀이 과정을 쓰고
답을 구하세요. 8점

1단계 알고 있는 것 1점 동화 「아기 돼지 ☐ 형제」 그림

2단계 구하려는 것 1점 「아기 돼지 ☐ 형제」 그림에 보이는 동물의 ☐ 를 구하려고 합니다.

3단계 문제 해결 방법 2점 동물의 마릿수를 세어 ☐ 를 써보면서 해결합니다.

4단계 문제 풀이 과정 3점 그림에 있는 동물은 늑대 ☐ 마리, 돼지 ☐ 마리입니다. 동물의
☐ 를 세어보면 하나, 둘, 셋, 넷이므로 ☐ 마리입니다.

5단계 구하려는 답 1점

☞ 1부터 9까지의 수 쓰고 읽기

쓰기	1	2	3	4	5	6	7	8	9
읽기	일	이	삼	사	오	육	칠	팔	구
	하나	둘	셋	넷	다섯	여섯	일곱	여덟	아홉

① 9까지의 수 · 13

'Step1'과 유사한 문제를
따라 풀어보면서 다시
한 번 익힐 수 있어요!

STEP 3 스스로 풀어보기

STEP 3 스스로 풀어보기 ☆ 정답 및 풀이 · 2쪽

1. 자전거, 비행기, 자동차 중에서 수가 6인 것은
무엇인지 쓰고 6을 두 가지 방법으로 읽으려고
합니다. 풀이 과정을 쓰고 답을 구하세요. 8점

풀이 그림에서 자전거의 수는 ☐ , 비행기의 수는 ☐ , 자동차의 수는 ☐ 입니다.
따라서 수가 6인 것은 ☐ 이고, 6은 ☐ 또는 ☐ 이라고 읽습니다.

답 ☐

2. 펭귄의 수를 쓰고 두 가지 방법으로 읽어보려고 합니다. 풀이 과정을 쓰고 답을 구하세요. 10점

풀이

답 쓰기 ☐ 읽기 ☐

14

앞에서 학습한 핵심 유형을
생각하며 다시 연습해보고,
쌍둥이 문제로 따라 풀어보
세요! 서술형 문제를 술술
생각대로 풀 수 있답니다.

창의 융합, 생활 수학, 스토리텔링, 유형 복합 문제 수록!

실력 다지기

이제 실전이에요. 새 교육과정의 핵심인 '융합 인재 교육'에 알맞게 창의력, 사고력 문제들을 풀며 실력을 탄탄하게 다져보세요!

➕ 추가 콘텐츠

www.nexusEDU.kr/math

단원을 마무리하기 전에 넥서스에듀 홈페이지 및 QR코드를 통해 제공하는 '스페셜 유형'과 다양한 '추가 문제'로 부족한 부분을 보충하고 배운 것을 추가적으로 복습할 수 있어요.
또한, '무료 동영상 강의'를 통해 교과와 연계된 개념 정리와 해설 강의를 들을 수 있어요.

동영상 강의
추가 문제

QR코드를 찍으면 동영상 강의를 들을 수 있어요.

정답 및 해설

자세한 답안과 단계별 부분 점수를 보고 채점해보세요! 어떤 부분이 부족한지 정확하게 파악하여 사고력, 논리력을 키울 수 있어요!

나만의 문제 만들기

서술형 문제를 거꾸로 풀어 보면 개념을 잘 이해했는지 확인할 수 있어요! '나만의 문제 만들기'를 풀면서 최종 실력을 체크하는 시간을 가져보세요!

차례

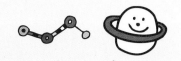

5

50까지의 수

www.nexusEDU.kr/math

➕ **추가 제공 다운로드**

1. 무료 동영상 강의 제공
2. 빈틈없는 개념 공부, 스페셜 유형으로!
3. 실전 전에 유형을 다질 수 있는 연습 문제
4. 사고력 UP! 심화 문제

동영상 강의
추가 문제

1. 9까지의 수

STEP 1 대표 문제 맛보기

예진이는 문구점에 갔습니다. 문구점 진열대 위에는 연필, 지우개, 주사위가 있었습니다. 연필, 지우개, 주사위 중에서 수가 4인 것을 찾아 쓰려고 합니다. 풀이 과정을 쓰고 답을 구하세요. (8점)

1단계 알고 있는 것 (1점)   진열대 위에 있는 것 : ☐ , ☐ , ☐

2단계 구하려는 것 (1점)   연필, 지우개, 주사위 중에서 수가 ☐ 인 것을 찾으려고 합니다.

3단계 문제 해결 방법 (2점)   ☐ , ☐ , ☐ 의 개수를 세어 ☐ 를 써보면서 해결합니다.

4단계 문제 풀이 과정 (3점)   연필을 세어보면 하나, 둘, 셋, 넷, 다섯, 여섯, 일곱으로 ☐ 이고, 지우개를 세어보면 하나, 둘, 셋, 넷이므로 ☐ 이고, 주사위를 세어보면 하나, 둘, 셋, 넷, 다섯, 여섯이므로 ☐ 입니다.

5단계 구하려는 답 (1점)   따라서 수가 4인 것은 ☐ 입니다.

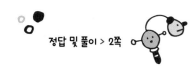

STEP 2 따라 풀어보기 ☆

동화 「아기 돼지 삼 형제」를 그려 나타낸 그림입니다. 다음 그림에 있는 동물의 수를 구하려고 합니다. 풀이 과정을 쓰고 답을 구하세요. (9점)

1단계 알고 있는 것 (1점)　동화 「아기 돼지 ☐ 형제」 그림

2단계 구하려는 것 (1점)　「아기 돼지 ☐ 형제」 그림에 보이는 동물의 ☐ 를 구하려고 합니다.

3단계 문제 해결 방법 (2점)　동물의 마릿수를 세어 ☐ 를 써보면서 해결합니다.

4단계 문제 풀이 과정 (3점)　그림에 있는 동물은 늑대 ☐ 마리, 돼지 ☐ 마리입니다. 동물의 ☐ 를 세어보면 하나, 둘, 셋, 넷이므로 ☐ 마리입니다.

5단계 구하려는 답 (2점)

123 이것만 알면 문제해결 OK!

🔩 1부터 9까지의 수 쓰고 읽기

쓰기	1	2	3	4	5	6	7	8	9
읽기	일	이	삼	사	오	육	칠	팔	구
	하나	둘	셋	넷	다섯	여섯	일곱	여덟	아홉

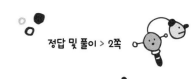

STEP 3 스스로 풀어보기 ☆

유형①

1. 자전거, 비행기, 자동차 중에서 수가 6인 것은 무엇인지 쓰고 6을 두 가지 방법으로 읽으려고 합니다. 풀이 과정을 쓰고 답을 구하세요. (10점)

 풀이

그림에서 자전거의 수는 [　], 비행기의 수는 [　], 자동차의 수는 [　]입니다.

따라서 수가 6인 것은 [　]이고, 6은 [　] 또는 [　]이라고 읽습니다.

답 _____

2. 펭귄의 수를 쓰고 두 가지 방법으로 읽어보려고 합니다. 풀이 과정을 쓰고 답을 구하세요. (15점)

풀이

_____

_____

_____

답　쓰기 :　　　　　　읽기 :

14

STEP 1 대표 문제 맛보기

1교시가 끝난 후 친구들이 선생님과 음악실로 이동하려고 합니다. 이때, 수안이는 선생님으로부터 몇째에 서 있는지 풀이 과정을 쓰고 답을 구하세요. (8점)

선생님 재희 채원 민기 예진 주원 수안 지민 동훈 예원

1단계 알고 있는 것 (1점) 선생님, 재희, 채원, 민기, 예진, 주원, ☐ , 지민, 동훈, 예원이 순서로 서 있습니다.

2단계 구하려는 것 (1점) ☐ 이는 ☐ 으로부터 몇째에 서 있는지 구하려고 합니다.

3단계 문제 해결 방법 (2점) 선생님을 기준으로 (앞 , 뒤) 쪽에 서 있는 친구부터 ☐ 대로 세어 봅니다.

4단계 문제 풀이 과정 (3점) 선생님을 기준으로 앞쪽부터 순서대로 서 있으므로 재희는 ☐ , 채원이는 ☐ , 민기는 ☐ , 예진이는 ☐ , 주원이는 ☐ , 수안이는 ☐ , 지민이는 ☐ , 동훈이는 ☐ , 예원이는 ☐ 입니다.

5단계 구하려는 답 (1점) 따라서 수안이는 선생님으로부터 ☐ 에 서 있습니다.

교실 뒷면에 있는 벽을 풍선으로 장식하려고 합니다. 왼쪽에서 다섯째 풍선은 무슨 색인지 풀이 과정을 쓰고 답을 구하세요. (9점)

왼쪽   오른쪽

1단계 알고 있는 것 (1점)   풍선이 왼쪽부터 순서대로 분홍색, [ ], 주황색, [ ], 초록색, 파란색, 남색, [ ], [ ]이 있습니다.

2단계 구하려는 것 (1점)   왼쪽에서 [ ]째 풍선이 무슨 [ ]인지 구하려고 합니다.

3단계 문제 해결 방법 (2점)   왼쪽에서부터 순서대로 [ ] 봅니다.

4단계 문제 풀이 과정 (3점)   왼쪽부터 순서대로 세어보면 분홍색이 [ ], 빨간색이 [ ], 주황색이 [ ], 노란색이 [ ], 초록색이 [ ], 파란색이 [ ], 남색이 [ ], 보라색이 [ ], 검은색이 [ ] 입니다.

5단계 구하려는 답 (2점)

123
이것만 알면
문제 해결 OK!

📌 수의 순서

1	2	3	4	5	6	7	8	9
첫째	둘째	셋째	넷째	다섯째	여섯째	일곱째	여덟째	아홉째

 **STEP 3** 스스로 풀어보기

1. 쌓기나무가 주어진 그림과 같이 쌓여 있습니다. 파란색 쌓기나무는 아래에서부터 몇째인지 풀이 과정을 쓰고 답을 구하세요. (10점)

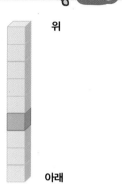

풀이

모두 ☐ 개의 쌓기나무가 쌓여 있고, 파란색 쌓기나무가 있는 곳까지 아래에서부터 세어

보면 ☐ , ☐ , ☐ , ☐ 입니다. 따라서 파란색 쌓기나무는 아래에서부터

☐ 에 있습니다.

답

2. 동물들이 달리기 경주를 하고 있습니다. 결승선에 거의 다 왔을 때, 코끼리가 셋째로 달리고 있다면 말은 몇째에 달리고 있는지 풀이 과정을 쓰고 답을 구하세요. (15점)

왼쪽　　　　　　　　　　　　　　　　　　　　　　　오른쪽

풀이

답

핵심유형 3

★ 1만큼 더 큰 수와 1만큼 더 작은 수

STEP 1 대표 문제 맛보기

엘리베이터에 사람 4명이 타고 있었습니다. 3층에서 1명이 내렸을 때, 현재 엘리베이터에는 몇 명이 타고 있는지 풀이 과정을 쓰고 답을 구하세요. (8점)

1단계 알고 있는 것 (1점)

엘리베이터에 ☐ 명이 타고 있었는데, 3층에서 ☐ 명이 내렸습니다.

2단계 구하려는 것 (1점)

4명 중 ☐ 명이 내렸을 때, 현재 엘리베이터에 타고 있는 사람 ☐ 를 구하려고 합니다.

3단계 문제 해결 방법 (2점)

4명이 타고 있는 엘리베이터에서 1명이 내렸으므로 4보다 1만큼 더 (작은 , 큰) 수를 구합니다. 4보다 1만큼 더 (작은 , 큰) 수는 수를 순서대로 나타냈을 때 4의 바로 (앞 , 뒤)의 수입니다.

4단계 문제 풀이 과정 (3점)

4명이 타고 있는 엘리베이터에서 ☐ 명이 3층에서 내렸으므로 4보다 ☐ 만큼 작은 수를 구하면 4 바로 앞의 수인 ☐ 입니다.

5단계 구하려는 답 (1점)

따라서 현재 엘리베이터에는 ☐ 명이 타고 있습니다.

STEP 2  따라 풀어보기 ☆

민규네 교실 문 옆의 우산꽂이에는 우산이 1개 있었습니다. 밖에 비가 내리기 시작하여 민규는 우산을 1개 꺼내어 쓰고 갔습니다. 우산꽂이에 남아 있는 우산의 수는 몇 개인지 풀이 과정을 쓰고 답을 구하세요. (9점)

1단계 알고 있는 것 (1점) 우산꽂이에 있었던 우산의 수 : ☐ 개

2단계 구하려는 것 (1점) 우산꽂이에 남아 있는 우산의 ☐ 는 몇 개인지 구하려고 합니다.

3단계 문제 해결 방법 (2점) 우산을 ☐ 개 꺼내어 쓰고 갔으므로 1보다 1만큼 (작은 , 큰) 수를 구합니다. 수를 순서대로 나타냈을 때, 1보다 1만큼 (작은 , 큰) 수는 1의 바로 (앞 , 뒤)의 수입니다.

4단계 문제 풀이 과정 (3점) 수를 0부터 9까지 순서대로 나타내면 0, 1, 2, 3, 4, 5, 6, 7, 8, 9이고, 우산 ☐ 개가 있는 우산꽂이에서 ☐ 개를 꺼내어 쓰고 갔으므로 1보다 ☐ 만큼 작은 수를 구하면 1 바로 앞의 수인 ☐ 입니다.

5단계 구하려는 답 (2점) _____

123
이것만 알면 문제 해결 OK!

🍄 **1만큼 더 작은 수와 1만큼 더 큰 수**

4	5	6
1만큼 작은 수		1만큼 큰 수

0	1	2

☆ 아무 것도 없는 것을 '0'이라고 쓰고 '영'이라고 읽습니다.

STEP 3 스스로 풀어보기

유형③

1. 사자의 다리 수보다 1만큼 더 큰 수를 쓰고, 두 가지 방법으로 읽으려고 합니다.
   풀이 과정을 쓰고 답을 구하세요. (10점)

풀이

사자의 다리 수는 □ 입니다. 4보다 1만큼 더 큰 수는 수를 순서대로 썼을 때 □ 바로

뒤의 수입니다. □ 의 바로 뒤의 수는 □ 이므로 □ 보다 1만큼 더 큰 수는 □ 입

니다. □ 는 □ 또는 □ 이라고 읽습니다.

답 쓰기 :   읽기 :

2. 다음 양의 수보다 1만큼 더 작은 수를 쓰고 한
   가지 방법으로 읽으려고 합니다. 풀이 과정을
   쓰고 답을 구하세요. (15점)

풀이

답 쓰기 :   읽기 :

20

STEP 1 대표 문제 맛보기

공원의 킥보드 대여소에 안전모 4개와 킥보드 6개가 있습니다. 친구들이 안전모와 킥보드를 대여하기 위해 줄을 서 있습니다. 안전모와 킥보드 중에서 어느 것이 더 많은지 풀이 과정을 쓰고 답을 구하세요. (8점)

1단계 알고 있는 것 (1점)

안전모 : ☐ 개

킥보드 : ☐ 개

2단계 구하려는 것 (1점)

☐ 와 ☐ 중에서 어느 것이 더 많은지 구하려고 합니다.

3단계 문제 해결 방법 (2점)

수를 1부터 9까지 순서대로 썼을 때, 뒤에 있는 수가 앞에 있는 수보다 더 (작은 , 큰) 수임을 이용합니다. 4와 6 중 ☐ 에 있는 수를 찾습니다.

4단계 문제 풀이 과정 (3점)

수를 1부터 9까지 순서대로 쓰면 1, 2, 3, 4, 5, 6, 7, 8, 9이고, 4와 6 중 더 ☐ 에 있는 수는 ☐ 이므로 4보다 ☐ 이 더 ☐ 수입니다.

5단계 구하려는 답 (1점)

따라서 ☐ 의 수가 ☐ 의 수보다 더 많습니다.

어항에 물고기와 조개가 있습니다. 물고기는 8마리, 조개는 6개가 있습니다. 더 적게 있는 것이 무엇인지 풀이 과정을 쓰고 답을 구하세요. (9점)

1단계 알고 있는 것 (1점)

물고기의 수 : ☐ 마리

조개의 수 : ☐ 개

2단계 구하려는 것 (1점)

물고기 수와 조개 수 중 어느 것이 더 (적게 , 많게) 있는지 구하려고 합니다.

3단계 문제 해결 방법 (2점)

수를 1부터 9까지 순서대로 썼을 때, 앞에 있는 수가 뒤에 있는 수보다 더 (작은 , 큰) 수임을 이용합니다. 6과 8 중 ☐ 에 있는 수를 찾습니다.

4단계 문제 풀이 과정 (3점)

수를 1부터 9까지 순서대로 쓰면 1, 2, 3, 4, 5, 6, 7, 8, 9이고, 6과 8 중 ☐ 에 있는 수는 ☐ 이므로 ☐ 이 8보다 ☐ 수입니다.

5단계 구하려는 답 (2점)

123

이것만 알면 문제 해결 OK!

🖈 **수의 크기 비교**

수를 작은 것부터 순서대로 썼을 때 뒤에 있는 수가 앞에 있는 수보다 큰 수입니다.

0 1 2 3 4 5 6 7 8 9

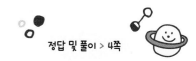

STEP 3 스스로 풀어보기

1. 서연이는 사탕을 7개 샀고, 진화는 사탕을 9개보다 1개 더 적게 샀습니다. 사탕을 더 많이 산 사람은 누구인지 풀이 과정을 쓰고 답을 구하세요. (10점)

서연이는 사탕을 ☐ 개 샀고, 진화는 사탕을 ☐ 개보다 1개 더 적게 샀으므로 진화가 산 사탕은 ☐ 개입니다. 수를 순서대로 나타냈을 때 ☐ 은 ☐ 보다 뒤에 있는 수이므로 ☐ 은 ☐ 보다 더 큽니다. 따라서 서연이와 진화 중에서 사탕을 더 많이 산 사람은 ☐ 입니다.

답

2. 도서관에서 서진이는 책을 7권 읽었고, 민우는 5권보다 1권 더 많이 읽었습니다. 책을 더 많이 읽은 친구는 누구인지 풀이 과정을 쓰고 답을 구하세요. (15점)

풀이

답

  스스로 문제를 풀어보며 실력을 높여보세요.

1

힌트로 해결 끝!
사탕의 수를 세어 보세요.

태빈이가 사탕을 사려고 엄마와 함께 마트에 갔습니다. 두 가지 종류의 상자 중에서 더 많이 들어 있는 사탕 상자를 사려고 합니다. (가) 상자와 (나) 상자 중 어느 것을 사야 하는지 풀이 과정을 쓰고 답을 구하세요. 20점

(가)	(나)
◎◎◎◎◎◎◎◎	◎◎◎◎◎◎◎◎◎

 풀이

답

2

힌트로 해결 끝!
왼쪽에서 여덟째에 있는 수를 찾아보세요.

1부터 9까지의 수 카드를 섞어서 한 줄로 나열해 보았습니다. 왼쪽에서 여덟째에 있는 수보다 1만큼 더 작은 수를 구하려고 합니다. 풀이 과정을 쓰고 답을 구하세요. 20점

왼쪽 7 2 6 5 3 9 1 8 4 오른쪽

 풀이

답

3

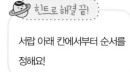

힌트로 해결 끝!

서랍 아래 칸에서부터 순서를 정해요!

예슬이의 방에는 6단 서랍이 있습니다. 서랍장에는 넣어야 할 물건 이름이 적혀 있습니다. 여름옷을 정리하여 서랍에 넣으려고 합니다. 바지와 모자는 아래에서부터 몇째 서랍에 넣어야 하는지 풀이 과정을 쓰고 답을 구하세요. 20점

| 모자 |
| 점퍼 |
| 티셔츠 |
| 바지 |
| 속옷 |
| 양말 |

풀이

답 바지 :   모자 :

4

힌트로 해결 끝!

각각의 방문객 수에서 왼쪽에서 넷째에 있는 숫자를 찾아보세요.

행복 백화점과 사랑 백화점의 일주일 동안 방문객 수를 나타낸 표입니다. 행복 백화점과 사랑 백화점의 방문객 수에서 왼쪽에서 넷째에 있는 숫자가 더 큰 백화점을 찾으려고 합니다. 풀이 과정을 쓰고 답을 구하세요. 20점

행복 백화점	사랑 백화점
872436	683719

풀이

답

거꾸로 풀며 나만의 문제를 완성해 보세요.

모를 때 찍어봐!

정답 및 풀이 > 5쪽

다음은 주어진 수와 낱말, 조건을 활용해서 만든 문제를 보고 풀이 과정과 답을 구한 것입니다.
어떤 문제였을까요? 거꾸로 문제 만들기, 도전해 볼까요? (25점)

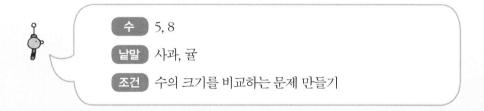

수 5, 8

낱말 사과, 귤

조건 수의 크기를 비교하는 문제 만들기

★ 힌트 ★
사과와 귤의 수로 질문을 만들어요!

문제

풀이

사과 5개, 귤 8개가 있습니다.

수의 순서를 적어보면 1-2-3-4-5-6-7-8-9입니다.

수의 순서에서 8이 5보다 뒤에 있으므로 8은 5보다 큽니다.

따라서 귤이 사과보다 더 많이 있습니다.

답   귤

26

2. 여러 가지 모양

☆ 여러 가지 모양 알아보기

 STEP 1 대표 문제 맛보기

다음의 물건 중에서 태랑이가 말한 특징을 모두 가지고 있는 물건의 기호가 무엇인지 풀이 과정을 쓰고 답을 구하세요. 8점

태랑 평평한 부분이 있습니다.
어느 방향으로 굴려도 잘 구르지 않습니다.

㉠   ㉡   ㉢   ㉣   ㉤

1단계 알고 있는 것 1점
태랑이가 말한 모양의 특징은 [   ] 부분이 있고, 어느 방향으로
굴려도 잘 [   ] 않는 것입니다.

2단계 구하려는 것 1점
[   ] 부분이 있고, 어느 방향으로 굴려도 잘 [   ] 않는
물건의 [   ] 가 무엇인지 구하려고 합니다.

3단계 문제 해결 방법 2점
각각의 모양을 보면서 태랑이가 말한 [   ] 을 가지고 있는
물건을 찾아 그 물건의 [   ] 를 고릅니다.

4단계 문제 풀이 과정 3점
평평한 부분이 있는 모양은 [ ], [ ], [ ], [ ] 이고, 어느 방
향으로 굴려도 잘 구르지 않는 모양은 둥근 부분이 없는 [ ], [ ]
입니다. 두 가지 특징을 모두 만족하는 것은 [ ], [ ] 입니다.

5단계 구하려는 답 1점
따라서 태랑이가 말한 특징을 모두 가지고 있는 물건의 기호는
[ ], [ ] 입니다.

STEP 2 따라 풀어보기

■, ▮, ● 모양 중에서 세 친구가 설명하는 것을 모두 만족하는 모양은 무엇인지 풀이 과정을 쓰고 답을 구하세요. (9점)

유진 둥근 부분이 있어서 잘 굴러갑니다.

유나 평평한 부분이 있어서 쌓을 수 있습니다.

재희 뾰족한 부분은 없습니다.

1단계 알고 있는 것 (1점)

유진이가 말한 모양은 (둥근 , 뾰족한) 부분이 있어 잘 굴러가고,

유나가 말한 모양은 (둥근 , 평평한) 부분이 있어서 쌓을 수 있으며,

재희가 말한 모양에는 뾰족한 부분이 (있습니다 , 없습니다).

2단계 구하려는 것 (1점)

유진, 유나, 재희의 설명을 [ ] 만족하는 [ ] 이 무엇인지 구하려고 합니다.

3단계 문제 해결 방법 (2점)

■, ▮, ● 모양을 보면서 세 친구가 설명하는 [ ] 을 각각 찾고, [ ] 만족하는 모양을 찾습니다.

4단계 문제 풀이 과정 (3점)

유진이가 말한 둥근 부분이 있어서 잘 굴러가는 모양은 [ ], [ ] 모양입니다. 유나가 말한 평평한 부분이 있어서 쌓을 수 있는 모양은 [ ], [ ] 모양입니다. 재희가 말한 뾰족한 부분이 없는 모양은 [ ], [ ] 모양입니다.

5단계 구하려는 답 (2점)

STEP 3 스스로 풀어보기

1. 다음은 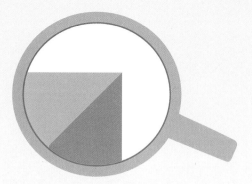 모양 중 어떤 모양의 일부분입니다. 이 모양의 특징을 풀이 과정에 쓰고, 어떤 모양인지 구하세요. (10점)

풀이

이 모양은 [   ] 부분이 있어 쉽게 쌓을 수 있고 [   ] 한 부분이 있습니다. 또 굴렸을 때 잘 굴러가지 않습니다. 따라서 이 모양은 [   ] 모양입니다.

답 _____

2. 다음은 같은 모양끼리 모아 놓은 것입니다. 이 모양의 특징을 풀이 과정에 쓰고, 같은 모양의 물건을 [보기]에서 찾아 쓰세요. (15점)

[보기] 선물 상자, 오렌지, 통조림 캔, 야구공, 주사위

풀이

답 _____

정답 및 풀이 > 6쪽

STEP 1 대표 문제 맛보기

다음 로봇을 만들 때 ▨, ▧, ● 모양 중에서 사용한 모양의 수가 가장 많은 것은 무엇인지 풀이 과정을 쓰고 답을 구하세요. (8점)

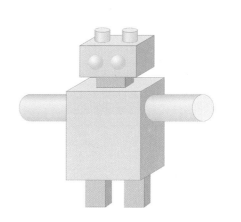

1단계 알고 있는 것 (1점)

☐ , ☐ , ☐ 모양으로 만든 로봇

2단계 구하려는 것 (1점)

☐ , ☐ , ☐ 모양 중 사용한 모양의 수가 가장 많은 것을 구하려고 합니다.

3단계 문제 해결 방법 (2점)

☐ , ☐ , ☐ 모양의 ☐ 를 각각 세어 보고 사용한 모양의 수를 찾아 해결합니다.

4단계 문제 풀이 과정 (3점)

▨ 모양은 ☐ 개, ▧ 모양은 ☐ 개, ● 모양은 ☐ 개로 만들었습니다.

5단계 구하려는 답 (1점)

따라서 사용한 모양의 수가 가장 많은 모양은 ☐ 모양입니다.

다음 [보기]에 주어진 것을 모두 사용하여 만들 수 있는 모양은 무엇인지 찾아 풀이 과정을 쓰고 답을 구하세요. (9점)

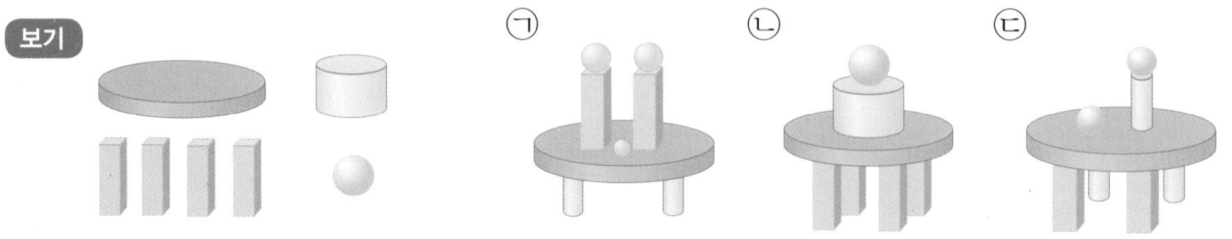

보기   ㉠   ㉡   ㉢

1단계 알고 있는 것 (1점)   ☐ , ☐ , ☐ 모양으로 만든 모양

2단계 구하려는 것 (1점)   [보기]에 주어진 것을 모두 사용하여 만든 ☐ 이 무엇인지를 찾아

보려고 합니다.

3단계 문제 해결 방법 (2점)   ☐ , ☐ , ☐ 모양 중 ㉠, ㉡, ㉢에 사용된 모양의 수와

[보기]에 주어진 모양의 수가 일치하는 것을 찾습니다.

4단계 문제 풀이 과정 (3점)   [보기]에는 ■모양 ☐ 개, ⬤모양 ☐ 개, ●모양 ☐ 개가 있고,

㉠은 ■모양 ☐ 개, ⬤모양 ☐ 개, ●모양 ☐ 개,

㉡은 ■모양 ☐ 개, ⬤모양 ☐ 개, ●모양 ☐ 개,

㉢은 ■모양 ☐ 개, ⬤모양 ☐ 개, ●모양 ☐ 개로

만들어졌습니다.

5단계 구하려는 답 (2점)

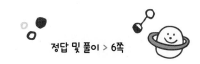

STEP 3 스스로 풀어보기 ☆

유형②

1.  모양 중 다음 그림에서 사용되지 않은 모양은 무엇인지 풀이 과정을 쓰고 답을 구하세요. (10점)

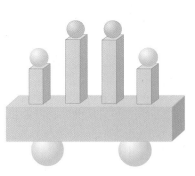

풀이

그림에서 ▨모양은 ☐ 개, ●모양은 ☐ 개 사용되었습니다.

따라서 그림에서 사용되지 않은 모양은 ☐ 모양입니다.

답

2. ▨, ⬛, ● 모양 중 다음 그림에서 사용되지 않은 모양은 무엇인지 풀이 과정을 쓰고 답을 구하세요. (15점)

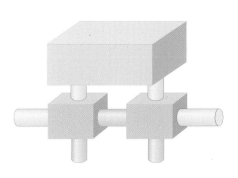

풀이

답

스스로 문제를 풀어보며 실력을 높여보세요.

1

 , , ● 모양을 이용하여 다음
모양을 만들었습니다. 가장 많이 사용
한 모양은 어떤 모양인지 풀이 과정을
쓰고 답을 구하세요. 20점

 힌트로 해결 끝!

수를 센 모양은 표시해 두고,
다시 세는 실수를 하지 않도
록 해요!

풀이

답

2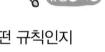

다음 모양의 순서를 정해 규칙적으로 모양을 늘어놓았습니다. 어떤 규칙인지
풀이 과정에 쓰고, □ 안에 들어갈 모양의 물건을 우리 주변에서 3가지를 찾아
써 보세요. 20점

 힌트로 해결 끝!

어느 모양이 규칙적으로 나
열되어 있는지 찾아보세요.

풀이

주위를 둘러보며
 , , ● 모양들을
찾아볼까요?

답

34

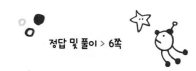

3 생활수학

힌트로 해결 끝!

친구들이 말하는 모양은 ▨, ▨, ● 모양 중 무슨 모양인지 생각해 보세요.

유현이와 의경이가 이야기를 하고 있습니다. 두 친구가 가지고 있는 물건 중 선생님이 말씀하신 준비물로 가지고 갈 수 있는 물건은 모두 몇 개인지 풀이 과정을 쓰고 답을 구하세요. (20점)

> 유현 뾰족한 부분이 없는 물건을 가지고 오라고 하셨지?
> 의경 맞아. 그리고 평평한 부분도 없어야 한다고 하셨어.

풀이

답

4 스토리텔링

힌트로 해결 끝!

친구가 가지고 있는 블록의 수를 세어 보세요.

주훈이는 블록으로 자동차를 만들려고 합니다. 주훈이가 가지고 있는 블록으로 그림과 같은 자동차를 만들 수 있을까요? 만들 수 있을지 없을지, 풀이 과정을 쓰고 답을 구하세요. (20점)

주훈이가 가진 블록

자동차

자동차에는 모두 몇 개의 블록이 사용되었을까요?

풀이

답

나만의 문제 만들기

거꾸로 풀며 나만의 문제를 완성해 보세요.

모를 때 찍어봐!

정답 및 풀이 > 7쪽

다음은 주어진 그림을 활용해서 만든 문제를 보고 풀이 과정과 답을 구한 것입니다.
어떤 문제였을까요? 거꾸로 문제 만들기, 도전해 볼까요? 25점

★ 힌트 ★
풀이에는 어떤 모양의 특징을 설명하고
있을까요?

문제

풀이

주어진 그림의 모양은 평평한 부분이 있어서 잘 쌓을 수 있고, 어느 쪽을 바닥에 놓

고 굴려도 잘 굴러가지 않습니다.

따라서 위의 모양과 같은 모양은 ⬜ 모양입니다.

답 _____ ⬜ 모양

3. 덧셈과 뺄셈

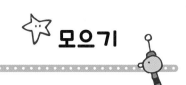

바둑돌을 왼손에 2개, 오른손에 6개를 쥐고 있습니다. 바둑돌을 한 손에 모두 모으면 몇 개가 되는지 두 수를 모으기 하여 구하려고 합니다. 풀이 과정을 쓰고 답을 구하세요. (8점)

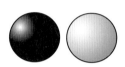

1단계 알고 있는 것 (1점)

왼손에 있는 바둑돌의 수 : ☐ 개

오른손에 있는 바둑돌의 수 : ☐ 개

2단계 구하려는 것 (1점)

☐ 손과 오른손에 있는 바둑돌을 한 손에 (모으면 , 가르면) 모두 몇 개인지 구하려고 합니다.

3단계 문제 해결 방법 (2점)

☐ 손에 있는 바둑돌의 수와 ☐ 손에 있는 바둑돌의 수를 (모으기 , 가르기) 하여 해결합니다.

4단계 문제 풀이 과정 (3점)

2와 6을 모으기 하면 ☐ 입니다. 따라서 바둑돌 ☐ 개와 6개를 모으면 ☐ 개가 됩니다.

5단계 구하려는 답 (1점)

따라서 바둑돌을 한 손에 모두 모으면 ☐ 개가 됩니다.

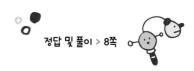

STEP 2 따라 풀어보기 ☆

모으기를 하고 있습니다. ㉠과 ㉡에 알맞은 수가
무엇인지 구하려고 합니다. 풀이 과정을 쓰고 답을
구하세요. (9점)

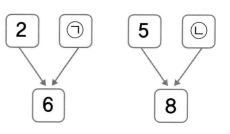

1단계 알고 있는 것 (1점)

2와 ㉠을 모으기 하면 ☐ 이 되고,

5와 ㉡을 모으기 하면 ☐ 이 됩니다.

2단계 구하려는 것 (1점)

(모으기 , 가르기)를 이용하여 ㉠과 ㉡에 알맞은 ☐ 를 구하려고
합니다.

3단계 문제 해결 방법 (2점)

2와 ㉠, 5와 ㉡을 ☐ 해서 각각 ☐ 과 ☐ 이 되는
수를 찾습니다.

4단계 문제 풀이 과정 (3점)

2와 ☐ 를 모으기 하면 ☐ 이므로, ㉠은 ☐ 이고,

5와 ☐ 을 모으기하면 ☐ 이므로 ㉡은 ☐ 입니다.

5단계 구하려는 답 (2점)

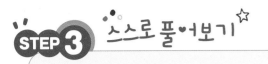 STEP 3 스스로 풀어보기 ☆ 유형①

1. 다음 수 중에서 5보다 작은 수를 찾아 모으기 하면 얼마인지 풀이 과정을 쓰고 답을 구하세요. [10점]

| 6 | 2 | 7 | 4 | 9 |

풀이

6, 2, 7, 4, 9 중에서 ☐보다 작은 수는 ☐와 ☐입니다. ☐와 ☐를 모으면

☐이 됩니다. 따라서 ☐보다 작은 수를 찾아 모으기 하면 ☐입니다.

답 _____

2. 다음 수 중에서 7보다 작은 수를 찾아 모으기 하면 얼마인지 풀이 과정을 쓰고 답을 구하세요. [15점]

| 6 | 9 | 7 | 3 | 8 |

풀이

답 _____

 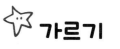

학생 6명이 체험 학습관에 갔습니다. 6명의 학생을 두 개의 모둠으로 나누어 체험 학습을 하려고 합니다. 가르기를 이용하여 두 모둠으로 나눌 때 두 모둠의 학생 수는 각각 몇 명이 되는지, 만들 수 있는 모든 경우를 구하려고 합니다.
풀이 과정을 쓰고 답을 구하세요. 〔8점〕

1단계 알고 있는 것 〔1점〕

전체 학생 수 : ☐ 명

2단계 구하려는 것 〔1점〕

전체 학생 6명을 ☐ 개의 모둠으로 나눌 때, 두 모둠의 학생 수가
각각 몇 명이 되는지 구하려고 합니다.

3단계 문제 해결 방법 〔2점〕

☐ 명을 두 개의 모둠으로 나누려면 6을 두 수로
(모으기 , 가르기) 하여 해결합니다.

4단계 문제 풀이 과정 〔3점〕

6은 1과 ☐ , 2와 ☐ , ☐ 과 ☐ , 4와 ☐ , 5와 ☐ 로
가르기 할 수 있습니다.

5단계 구하려는 답 〔1점〕

따라서 6명을 두 모둠으로 나누면 두 모둠의 학생 수는 각각
☐ 명과 5명, 2명과 ☐ 명, ☐ 명과 ☐ 명이 됩니다.

진영이는 가르기를 하고 있습니다. ㉠과 ㉡에 알맞은 수가 무엇인지 구하려고 합니다. 풀이 과정을 쓰고 답을 구하세요. (9점)

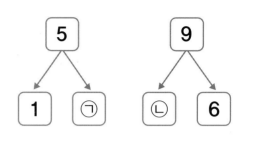

1단계 알고 있는 것 (1점) □ 를 가르기 하면 □ 과 ㉠, 9를 가르기 하면 ㉡과 □ 이 됩니다.

2단계 구하려는 것 (1점) (모으기 , 가르기)를 이용하여 ㉠과 ㉡에 알맞은 수를 구하려고 합니다.

3단계 문제 해결 방법 (2점) 5와 □ 를(을) 각각 (모으기 , 가르기) 하여 1과 ㉠, ㉡과 6이 되는 수를 찾아 해결합니다.

4단계 문제 풀이 과정 (3점) 5는 1과 □ 로 가르기 할 수 있으므로 ㉠은 □ 이고, 9를 가르기 하면 3과 □ 으로 가르기 할 수 있으므로 ㉡은 □ 입니다.

5단계 구하려는 답 (2점)

STEP 3 스스로 풀어보기 ☆

유형 ②

1. 성호는 가르기와 모으기를 하고 있습니다. ㉠과 ㉡ 중 더 큰 수는 어느 것인지 구하려고 합니다. 풀이 과정을 쓰고 답을 구하세요. [10점]

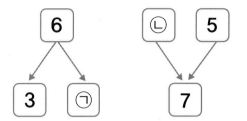

풀이

6은 3과 ☐ 으로 가르기 할 수 있으므로 ㉠은 ☐ 이고, ☐ 와 5를 모으기 하면 7이 되므로 ㉡은 ☐ 입니다. ㉠의 ☐ 과 ㉡의 ☐ 를 비교하면 ☐ 이 ☐ 보다 더 큽니다. 따라서 ㉠과 ㉡ 중 더 큰 수는 ☐ 입니다.

답

2. 현수는 가르기를 하고 있습니다. ㉠과 ㉡ 중 더 작은 수는 어느 것인지 구하려고 합니다. 풀이 과정을 쓰고 답을 구하세요. [15점]

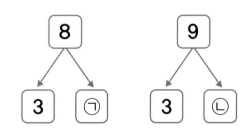

풀이

답

 **STEP 1** 대표 문제 맛☆보기

그림을 보고 과일이 모두 몇 개인지 덧셈식을 이용하여 구하려고 합니다. 풀이 과정을 쓰고 답을 구하세요. (8점)

1단계 알고 있는 것 (1점)   딸기 ☐ 개와 감 ☐ 개가 있습니다.

2단계 구하려는 것 (1점)   딸기 ☐ 개와 감 ☐ 개를 보고, 과일이 모두 몇 개인지

(덧셈식 , 뺄셈식)을 이용하여 구하려고 합니다.

3단계 문제 해결 방법 (2점)   (더하기 , 빼기) 기호를 사용하여 (덧셈식 , 뺄셈식)을 만들고

계산합니다.

4단계 문제 풀이 과정 (3점)   딸기 ☐ 개와 감 ☐ 개를 (더하는 , 빼는) 식을 만들면

5 + 4 = ☐ 입니다.

5단계 구하려는 답 (1점)   따라서 과일은 모두 ☐ 개입니다.

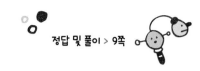

STEP 2 따라 풀어보기 ☆

영철이는 오늘도 즐거운 마음으로 학교에 갔습니다. 영철이가 교실에 들어갔더니 모두 6명이 되었습니다. 잠시 후 3명이 더 들어왔다면 교실에 있는 학생 수는 모두 몇 명인지 덧셈식을 이용하여 구하려고 합니다. 풀이 과정을 쓰고 답을 구하세요. (9점)

1단계 알고 있는 것 (1점)

영철이가 교실에 들어간 후 학생 수 : ▢ 명

잠시 후 더 들어온 학생 수 : ▢ 명

2단계 구하려는 것 (1점)

▢ 명이 있는 교실에 ▢ 명이 더 들어왔을 때, 교실에 있는 학생 수는 모두 몇 명인지 구하려고 합니다.

3단계 문제 해결 방법 (2점)

(더하기 , 빼기) 기호를 사용하여 (덧셈식 , 뺄셈식)을 만들고 계산합니다.

4단계 문제 풀이 과정 (3점)

교실에 있는 학생은 ▢ 명이고 더 들어온 학생이 ▢ 명이므로 (더하는 , 빼는) 식을 만들면 ▢ + ▢ = ▢ 입니다.

5단계 구하려는 답 (2점)

_____

123

이것만 알면 문제 해결 OK!

📌 덧셈

$$3 + 4 = 7$$

☆ 3 더하기 4는 7과 같습니다.
☆ 3과 4의 합은 7입니다.

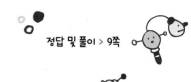

STEP 3 스스로 풀어보기 ☆

1. 신우네 가족은 4명이고 명진이네 가족은 5명입니다. 두 가족이 함께 기차 여행을 간다고 할 때, 덧셈식을 이용하여 기차표를 모두 몇 장을 사야 할지 구하려고 합니다. 풀이 과정을 쓰고 답을 구하세요. 10점

풀이

사야 하는 기차표의 수는 신우네 가족의 수와 명진이네 가족의 수를 (더한 , 뺀) 수와 같습니다. 신우네 가족 ☐ 명과 명진이네 가족 ☐ 명이 모두 몇 명인지 (덧셈식 , 뺄셈식)으로 나타내면 ☐ + ☐ = ☐ 이므로 기차표는 모두 ☐ 장을 사야합니다.

답 _____

2. 연지네 모둠원 5명이 청소를 하고 있었습니다. 승민이네 모둠원 3명이 도와주러 왔을 때, 덧셈식을 이용하여 청소를 하고 있는 학생은 모두 몇 명인지 구하려고 합니다. 풀이 과정을 쓰고 답을 구하세요. 15점

풀이

답 _____

46

정답 및 풀이 > 10쪽

STEP 1 대표 문제 맛보기

그림을 보고 뺄셈식을 이용하여 강아지가 고양이보다 몇 마리 더 많은지 구하려고 합니다. 풀이 과정을 쓰고 답을 구하세요. (8점)

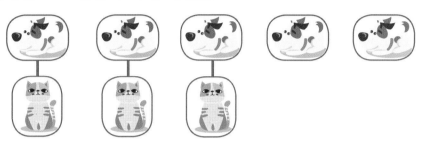

1단계 알고 있는 것 (1점)

강아지의 수 : ☐ 마리

고양이의 수 : ☐ 마리

2단계 구하려는 것 (1점)

(덧셈식 , 뺄셈식)을 이용하여 ☐ 의 수가 ☐ 의 수보다 몇 마리 더 많은지 구하려고 합니다.

3단계 문제 해결 방법 (2점)

각각 강아지와 고양이를 (한 , 두) 마리씩 짝지어보고, 강아지의 수가 고양이의 수보다 몇 마리 더 많은지 (더하기 , 빼기) 기호를 사용하여 (덧셈식 , 뺄셈식)으로 나타냅니다.

4단계 문제 풀이 과정 (3점)

강아지는 ☐ 마리이고 고양이는 ☐ 마리입니다. 한 마리씩 짝을 지어보면 강아지가 ☐ 마리 남습니다. (덧셈식 , 뺄셈식)으로 나타내면 ☐ − 3 = ☐ 입니다.

5단계 구하려는 답 (1점)

따라서 ☐ 가 ☐ 보다 ☐ 마리 더 많습니다.

연수는 구슬 7개를 가지고 있고, 윤호는 연수보다 2개 더 적게 가지고 있습니다.
뺄셈식을 이용하여 윤호가 가지고 있는 구슬은 몇 개인지 구하려고 합니다.
풀이 과정을 쓰고 답을 구하세요. (9점)

1단계 알고 있는 것 (1점)

연수가 가지고 있는 구슬의 수 : ☐ 개

윤호가 가지고 있는 구슬의 수

: 연수보다 ☐ 개 더 (많은 , 적은) 수

2단계 구하려는 것 (1점)

☐ 가 가지고 있는 구슬이 몇 개인지 구하려고 합니다.

3단계 문제 해결 방법 (2점)

윤호가 가진 구슬의 수는 연수가 가지고 있는 구슬의 수보다 ☐ 개가

적으므로 (덧셈식 , 뺄셈식)으로 나타냅니다.

4단계 문제 풀이 과정 (3점)

연수가 가지고 있는 구슬은 ☐ 개이고, 윤호는 ☐ 개보다

☐ 개 더 적게 가지고 있으므로 윤호가 가진 구슬 수를

(덧셈식 , 뺄셈식)으로 나타내면 ☐ − ☐ = ☐ 입니다.

5단계 구하려는 답 (2점)

이것만 알면
문제 해결 OK!

📌 **뺄셈**

$7 - 3 = 4$

☆ 7 빼기 3은 7과 같습니다.
☆ 7과 3의 차는 4입니다.

STEP 3 스스로 풀어보기 ☆

유형④

1. 지안이네 모둠은 8명이고, 아린이네 모둠은 6명입니다. 지안이네 모둠과 아린이네 모둠의 학생들이 한 명씩 짝을 지을 때, 뺄셈식을 이용하여 짝을 이룰 수 없는 친구들은 몇 명인지 구하려고 합니다. 풀이 과정을 쓰고 답을 구하세요. (10점)

풀이

짝을 이룰 수 없는 친구들의 수는 지안이네 모둠의 모둠원 수에서 아린이네 모둠의 모둠원 수를 (더해서 , 빼서) 구합니다. 지안이네 모둠은 ☐명이고 아린이네 모둠은 ☐명이므로 짝을 이룰 수 없는 친구들의 수를 뺄셈식으로 나타내면 ☐ − ☐ = ☐입니다. 따라서 지안이네 모둠 ☐명은 짝을 이룰 수 없습니다.

답

2. 이준이는 9살이고, 소민이는 이준이보다 3살이 더 어립니다. 뺄셈식을 이용하여 소민이가 몇 살인지 구하려고 합니다. 풀이 과정을 쓰고 답을 구하세요. (15점)

풀이

답

1 유형 **1** + **2**

재현이와 나연이는 쿠키를 똑같이 가지고 있습니다. 두 사람이 가지고 있는 쿠키를 모아보니 8개가 되었습니다. 모으기나 가르기를 이용하여 재현이가 가지고 있는 쿠키는 몇 개인지 구하려고 합니다. 풀이 과정을 쓰고 답을 구하세요. (20점)

힌트로 해결 끝!

재현이와 나연이가 몇 개의 쿠키를 가지고 있을지 가르기를 이용해서 구해보세요.

풀이

답

2 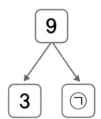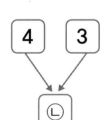유형 **1** + **2** + **4**

가르기와 모으기를 한 수에서 ㉠과 ㉡의 차는 얼마인지 풀이 과정을 쓰고 답을 구하세요. (20점)

9
3 ㉠

4 3
㉡

힌트로 해결 끝!

9를 가르기 한 수들을 생각해 보세요.

4와 3을 모으기 하면 무슨 수가 될까요?

풀이

답

3

생활수학

영민이네 집에는 초록색 접시가 3개, 노란색 접시가 3개 있습니다. 그리고 동물 모양 컵이 4개, 하트 모양 컵이 5개 있습니다. 접시와 컵 중에서 어느 것이 몇 개 더 많은지 구하려고 합니다. 풀이 과정을 쓰고 답을 구하세요. 20점

힌트로 해결 끝!
모양과 색 상관없이 접시의 수와 컵의 수를 세어 보세요.

 풀이

답

4

스토리텔링

다음은 「의좋은 형제」라는 동화책의 일부 내용입니다. 이야기를 읽고, 상황에 맞게 ㉠과 ㉡에 들어갈 수가 무엇인지 풀이과정을 쓰고 답을 구하세요. 20점

…형과 동생은 쌀 5가마니씩 가지고 있었습니다. 어느 날 새벽, 동생은 형에게 2가마니를 가져다 놓아서 형은 ㉠가마니가 되었습니다. 다음 날 새벽, 이번엔 형이 동생에게 2가마니를 가져다 놓아서 동생은 ㉡가마니가 되었습니다. …

힌트로 해결 끝!
쌀가마니를 가져다 놓으면 받은 사람은 수가 늘고, 준 사람은 수가 줄어들어요.

 풀이

답   ㉠ :   ㉡ :

거꾸로 풀며 나만의 문제를 완성해 보세요.

모를 때 찍어봐!

정답 및 풀이 > 11쪽

다음은 주어진 낱말과 조건을 활용해서 만든 문제를 보고 풀이 과정과 답을 구한 것입니다.
어떤 문제였을까요? 거꾸로 문제 만들기, 도전해 볼까요? 25점

낱말 아버지 접시, 지원이 접시, 떡 7개, 떡 5개

조건 뺄셈 문제 만들기

★힌트★
큰 수에서 작은 수를 빼요!

문제

풀이

아버지 접시에는 떡이 7개 있고 지원이 접시에는 떡이 5개 있으므로 아버지 접시에 있는 떡의 수에서 지원이 접시에 있는 떡의 수를 빼서 구합니다.

따라서 아버지 접시에 있는 떡의 수가 7-5=2이므로 2개 더 많습니다.

답   2개

4. 비교하기

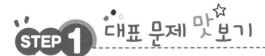

STEP 1 대표 문제 맛보기

세 친구가 가지고 있는 끈의 길이를 보고, 누구의 끈의 길이가 가장 긴지 풀이 과정을 쓰고 답을 구하세요. [8점]

가희

현인

다정

1단계 알고 있는 것 [1점]

가희, 현인, 다정이의 끈의 [　　　]

2단계 구하려는 것 [1점]

세 친구 중 길이가 가장 (긴 , 짧은) 줄을 가지고 있는 사람이 누구인지 알아보려고 합니다.

3단계 문제 해결 방법 [2점]

(한쪽 , 양) 끝이 똑같이 맞추어져 있으므로 가장 많이 구부려져 있는 끈이 가장 (깁니다 , 짧습니다).

4단계 문제 풀이 과정 [3점]

가희, 현인, 다정이의 끈은 (한쪽 , 양) 끝이 똑같이 맞추어져 있으므로 가장 많이 구부려져 있는 끈일수록 더 (깁니다 , 짧습니다). 세 친구 중 [　　　] (이)의 끈이 가장 많이 구부려져 있으므로 가장 긴 끈입니다.

5단계 구하려는 답 [1점]

따라서 길이가 가장 긴 줄을 가지고 있는 친구는 [　　　] 입니다.

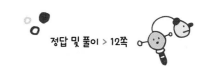

STEP 2 따라 풀어보기 ☆

지민, 연지, 해린이가 키를 재고 있습니다. 세 친구 중에서 키가 가장 큰 사람을 구하려고 합니다. 풀이 과정을 쓰고 답을 구하세요. (9점)

지민   연지   해린

1단계 알고 있는 것 (1점)
지민, 연지, 해린이가 (아래 , 위)를 맞추어 서 있습니다.

2단계 구하려는 것 (1점)
키가 가장 (작은 , 큰) 사람은 누구인지 구하려고 합니다.

3단계 문제 해결 방법 (2점)
(아래 , 위)쪽이 맞추어져 있으므로 머리 (아래 , 위)쪽이 가장 높은 사람이 가장 큽니다.

4단계 문제 풀이 과정 (3점)
지민, 연지, 해린이는 바닥에 똑같이 서 있으므로 머리 (아래 , 위)쪽이 가장 높은 사람이 키가 가장 (작습니다 , 큽니다). 세 친구 중 [ ](이)의 머리가 가장 높이 있으므로 [ ](이)의 키가 가장 큽니다.

5단계 구하려는 답 (2점)
_____

---

123 이것만 알면 문제 해결 OK!

📌 **길이 비교하기**

더 짧다
더 길다

가장 짧다
가장 길다

더 길다   더 짧다   가장 길다   가장 짧다

☆ 길이를 비교하려면 물건의 한쪽 끝을 맞추고 다른 쪽 끝을 살펴봅니다.

STEP 3 스스로 풀어보기 ☆

1. 연수, 미진, 은수 중에서 키가 가장 큰 사람은 누구인지 풀이 과정을 쓰고 답을 구하세요. (10점)

연수　　미진　　은수

풀이

세 사람의 (아래 , 위)쪽이 맞추어져 있으므로 (아래 , 위)쪽을 비교합니다. 아래쪽으로 가장

많이 내려온 사람이 가장 키가 큽니다. 연수, 미진, 은수 중에서 (아래 , 위)쪽으로 가장 많이

내려온 사람은 　　　 입니다. 따라서 키가 가장 큰 사람은 　　　 입니다.

답 ＿＿＿＿＿＿＿＿＿＿＿＿

2. 민수, 재진, 재희 세 친구가 철봉에 매달려 있습니다. 키가 가장 작은 사람은 누구인지 풀이 과정을 쓰고 답을 구하세요. (15점)

민수　　재진　　재희

풀이

답 ＿＿＿＿＿＿＿＿＿＿＿＿

STEP 1 대표 문제 맛보기

다음 그림의 수박, 사과, 딸기 중에서 가장 무거운 과일은 무엇인지 풀이 과정을 쓰고 답을 구하세요. (8점)

1단계 알고 있는 것 (1점) 주어진 과일 : ☐ , ☐ , 딸기

2단계 구하려는 것 (1점) 수박, 사과, 딸기 중 가장 (가벼운 , 무거운) 과일은 무엇인지 구하려고 합니다.

3단계 문제 해결 방법 (2점) 손으로 들어 보았을 때 힘이 가장 많이 드는 것이 가장 (가볍고 , 무겁고), 힘이 가장 적게 드는 것이 가장 (가볍습니다 , 무겁습니다).

4단계 문제 풀이 과정 (3점) 손으로 들어 보았을 때 가장 힘이 많이 드는 것은 ☐ 입니다.

5단계 구하려는 답 (1점) 따라서 수박, 사과, 딸기 중에서 가장 무거운 과일은 ☐ 입니다.

따라 풀어보기 ☆

민기, 주연, 지후 중 가장 무거운 사람은 누구인지 풀이 과정을 쓰고 답을 구하세요. (9점)

민기   주연   민기   지후

1단계 알고 있는 것 (1점) 민기와 [ ] , 민기와 [ ] 가 시소를 타는 그림

2단계 구하려는 것 (1점) 민기, 주연, 지후 중 가장 (가벼운 , 무거운) 사람은 누구인지 구하

려고 합니다.

3단계 문제 해결 방법 (2점) 시소는 더 (가벼운 , 무거운) 사람 쪽으로 더 기울어지는 것을 이용

하여 해결합니다.

4단계 문제 풀이 과정 (3점) 민기와 주연이 중 더 아래로 내려간 사람은 [ ] 이므로

[ ] 는 주연이보다 더 (가볍습니다 , 무겁습니다). 민기와 지후

중 더 아래로 내려 간 사람은 [ ] 이므로 [ ] 는 민기보다

(가볍습니다 , 무겁습니다). 따라서 민기는 주연이보다 무겁고 지후

는 민기보다 무거우므로 [ ] 가 가장 무겁습니다.

5단계 구하려는 답 (2점)

STEP 3 스스로 풀어보기 ☆

1. 양팔저울로 노란 공, 빨간 공, 파란 공의 무게를 비교해 보았습니다. 세 공 중에서 가장 무거운 공은 무엇인지 풀이 과정을 쓰고 답을 구하세요. 10점

풀이

양팔저울은 더 무거운 쪽이 (위 , 아래)로 내려갑니다. 빨간 공과 파란 공 중에서 ☐ 공이 더 무겁고 노란 공과 빨간 공 중에서 ☐ 공이 더 무겁습니다. 따라서 무거운 순서대로 나타내면 ☐ 공, ☐ 공, 노란 공이므로 가장 무거운 공은 ☐ 공입니다.

답

2. 여우, 사슴, 토끼가 시소를 타고 있습니다. 세 동물 중에서 두 번째로 무거운 동물은 누구인지 풀이 과정을 쓰고 답을 구하세요. 15점

여우   사슴   여우   토끼

풀이

답

☆ 넓이 비교하기

STEP 1 대표 문제 맛보기

다음 그림 속의 가방, 공책, 계산기 중에서
가장 넓은 것은 무엇인지 풀이 과정을 쓰고
답을 구하세요. 8점

1단계 알고 있는 것 1점   주어진 것 : ⬚ , ⬚ , 계산기

2단계 구하려는 것 1점   가방, 공책, 계산기 중에서 가장 (넓은 , 좁은) 것은 무엇인지 구하려
고 합니다.

3단계 문제 해결 방법 2점   두 개씩 포개어 보았을 때 더 남는 것이 더 (넓습니다 , 좁습니다).

4단계 문제 풀이 과정 3점   가방과 공책을 포개어보면 ⬚이 더 남고, 가방과 계산기를
포개어 보면 ⬚이 더 남으므로 ⬚이 가장 (넓습니다 ,
좁습니다).

5단계 구하려는 답 1점   따라서 가방, 공책, 계산기 중에서 가장 넓은 것은 ⬚입니다.

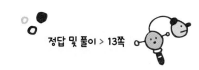

STEP 2 따라 풀어보기 ☆

모양과 크기가 같은 타일을 벽 (가)와 벽 (나)에 붙였습니다. 타일을 붙인 벽이 더 넓은 것은 어느 것인지 기호로 답하려고 합니다. 풀이 과정을 쓰고 답을 구하세요. 9점

(가)　　　　　(나)

1단계 알고 있는 것 1점

모양과 크기가 [　　] 타일을 붙인 벽 (가)와 (나)

2단계 구하려는 것 1점

(가)와 (나) 중에서 더 (넓은 , 좁은) 벽을 구하려고 합니다.

3단계 문제 해결 방법 2점

붙인 타일의 수가 더 많은 쪽이 더 (넓습니다 , 좁습니다).

4단계 문제 풀이 과정 3점

(가)에 붙인 타일의 수는 [　] 장이고, (나)에 붙인 타일의 수는 [　] 장입니다. [　] 장보다 [　] 장이 더 많으므로 [　] 가 더 넓습니다.

5단계 구하려는 답 2점

_____

_____

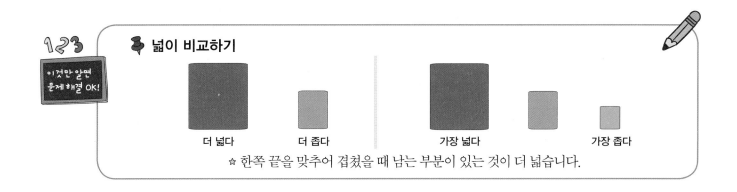

123

이것만 알면 문제 해결 OK!

넓이 비교하기

더 넓다　　　더 좁다　　　가장 넓다　　　가장 좁다

☆ 한쪽 끝을 맞추어 겹쳤을 때 남는 부분이 있는 것이 더 넓습니다.

STEP 3 스스로 풀어보기

1. (가), (나), (다) 중에서 넓이가 가장 넓은 것은 무엇인지 기호로 쓰려고 합니다. 풀이 과정을 쓰고 답을 구하세요.
(단, 각 칸은 모양과 크기가 모두 같습니다.) (10점)

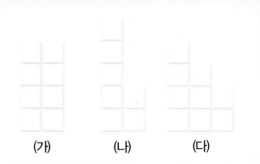

(가) (나) (다)

풀이

각 칸의 모양과 크기가 같으므로 칸의 수가 가장 (많은 , 적은) 것이 넓이가 가장 넓은 것입니다. (가)는 ▢칸, (나)는 ▢칸, (다)는 ▢칸입니다. 칸이 가장 많은 것은 9칸인 ▢이므로 넓이가 가장 넓은 것은 ▢입니다.

답 _____

2. (가), (나), (다) 중에서 넓이가 가장 좁은 것은 무엇인지 기호로 쓰려고 합니다. 풀이 과정을 쓰고 답을 구하세요.
(단, 각 칸은 모양과 크기가 모두 같습니다.) (15점)

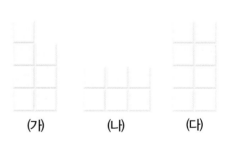

(가) (나) (다)

풀이

답 _____

핵심유형 4

☆ 담을 수 있는 양 비교하기

정답 및 풀이 > 14쪽

STEP 1 대표 문제 맛보기

모양과 크기가 같은 세 개의 컵에 주스가 담겨 있습니다. 담겨 있는 주스 중 양이 가장 많은 컵과 가장 적은 컵을 기호로 쓰려고 합니다. 풀이 과정을 쓰고 답을 구하세요. (8점)

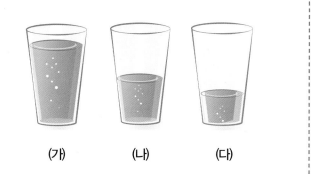

(가)　　　(나)　　　(다)

1단계 알고 있는 것 (1점)　주스가 담겨 있는 [　　] 과 크기가 (같은 , 다른) 세 개의 컵

2단계 구하려는 것 (1점)　주스의 양이 가장 많은 컵과 가장 [　　] 컵이 무엇인지 [　　] 로 쓰려고 합니다.

3단계 문제 해결 방법 (2점)　모양과 [　　] 가 같은 컵이므로 담겨 있는 주스의 양이 가장 많은 것은 주스의 높이가 가장 (높은 , 낮은) 것이고, 주스의 양이 가장 적은 것은 주스의 높이가 가장 (높은 , 낮은) 것입니다.

4단계 문제 풀이 과정 (3점)　모양과 크기가 같은 주스 컵에 담긴 주스의 양은 담긴 주스의 높이가 높을수록 양이 더 (많습니다 , 적습니다). [　　] 컵에 담겨 있는 주스의 높이가 가장 높고, [　　] 컵에 담겨 있는 주스의 높이가 가장 낮습니다.

5단계 구하려는 답 (1점)　따라서 주스의 양이 가장 많은 컵의 기호는 [　　] 이고 주스의 양이 가장 적은 컵의 기호는 [　　] 입니다.

4 비교하기 • 63

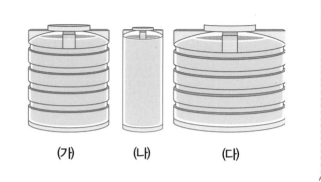

모양과 크기가 다른 세 개의 수조에 담겨
있는 물의 양을 비교하려고 합니다. 물이
가장 많이 담겨있는 수조와 물이 가장 적게
담겨 있는 수조를 기호로 쓰려고 합니다.
풀이 과정을 쓰고 답을 구하세요. (9점)

(가)   (나)   (다)

1단계 알고 있는 것 (1점) ☐ 과 크기가 (같은 , 다른) 세 개의 수조에 담겨 있는 물의 양

2단계 구하려는 것 (1점) 물의 양이 가장 ☐ 담긴 수조와 가장 적게 담긴 수조가 무엇인지

☐ 로 쓰려고 합니다.

3단계 문제 해결 방법 (2점) 물의 (높이 , 넓이)가 같으므로 수조의 크기가 (클수록 , 작을수록)

담긴 물의 양이 많습니다.

4단계 문제 풀이 과정 (3점) 물의 높이가 같으므로 수조의 크기를 비교해보면 (다) 수조가 가장

(작고 , 크고) (나) 수조가 가장 (작습니다 , 큽니다).

5단계 구하려는 답 (2점)

_____

_____

📌 **담을 수 있는 양 비교하기**

더 많다   더 적다

☆ 그릇의 모양과 크기가 같을 때는 담긴 높이가
  높을수록 담긴 양이 더 많습니다.

가장 많다   가장 적다

☆ 담긴 높이가 같을 때는 그릇의 크기가 클수록
  담긴 양이 더 많습니다.

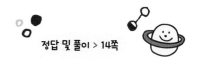

유형4

1. 시현, 나윤, 예나가 모양과 크기가 같은 컵에 물을 가득 따른 후에 마시고 남은 양입니다. 누가 물을 가장 많이 마셨는지 풀이 과정을 쓰고 답을 구하세요. (10점)

시현   나윤   예나

 풀이

남아 있는 물의 양이 (많을 수록 , 적을수록) 마신 양은 많습니다. 컵에 남아 있는 물의 양이

가장 적은 사람은 [   ] 이므로 물을 가장 많이 마신 사람은 [   ] 입니다.

답

2. 다음은 유주와 승헌이가 가지고 있는 컵입니다. 똑같은 음료수를 한 병씩 사서 다음과 같은 컵에 음료수를 그림과 같이 담았더니 음료수가 남았습니다. 음료수 병에 남은 양이 더 많은 사람은 누구인지 풀이 과정을 쓰고 답을 구하세요. (15점)

유주   승헌

풀이

답

1

다음 중 비교하는 말을 잘못 말한 친구는 누구인지 풀이 과정을 쓰고 답을 구하세요. (20점)

> **윤서** 세 친구 중에서 시훈이의 키가 가장 크네.
> **철민** 연필보다 볼펜의 길이가 더 작아.
> **보경** 수박, 참외, 방울 토마토 중에서 수박이 가장 무거워.

힌트로 해결 끝!

키 비교하기
➡ 크다, 작다

길이 비교하기
➡ 길다, 짧다

무게 비교하기
➡ 무겁다, 가볍다

풀이

답

2

과학 실험실에서 쌓기나무 ㉠, ㉡, ㉢을 길이가 같은 용수철에 매달아 무게를 비교하는 실험을 하였습니다. 가장 무거운 쌓기나무는 어느 것인지 풀이 과정을 쓰고 답을 구하세요. (20점)

창의융합

힌트로 해결 끝!

용수철은 고무줄처럼 무거운 것을 매달면 밑으로 늘어나요.

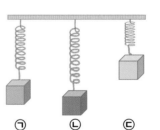

㉠　　㉡　　㉢

풀이

답

 3

미술 시간에 시온이와 예찬이가 똑같은 색종이를 그림처럼 잘랐습니다. 각자의 조각 중에서 가장 좁은 것끼리 비교하면 누구의 것이 더 좁은지 풀이 과정을 쓰고 답을 구하세요. (20점)

시온

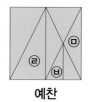
예찬

힌트로 해결 끝!

시온이와 예찬이의 색종이에서 가장 좁은 조각을 찾아보고, 넓이를 비교해 보세요.

풀이

답

4

물이 들어 있는 비커에 노란 구슬을 한 개 넣고, 파란 구슬을 한 개 더 넣었더니 물의 높이가 달라졌습니다. (가)에는 노란 구슬 2개, (나)에는 노란 구슬 한 개와 파란 구슬 1개가 들어 있을 때, (가)와 (나)에서 구슬을 모두 꺼내면 어느 비커의 물이 더 많이 남는지 찾으려고 합니다. 풀이 과정을 쓰고 답을 구하세요. (20점)

힌트로 해결 끝!

노란 구슬 한 개를 넣으면 비커의 눈금이 한 칸 올라가요.

파란 구슬 한 개를 넣으면 비커의 눈금이 2칸 올라가요.

(가)　　(나)

풀이

답

거꾸로 풀며 나만의 문제를 완성해 보세요.

정답 및 풀이 > 15쪽

다음은 주어진 그림과 낱말, 조건을 활용해서 만든 문제를 보고 풀이 과정과 답을 구한 것입니다. 어떤 문제였을까요? 거꾸로 문제 만들기, 도전해 볼까요? 15점

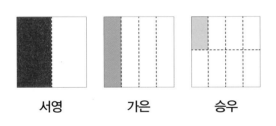

서영   가은   승우

낱말 색종이

조건 넓이를 비교하는 문제 만들기

★ 힌트 ★
남은 색종이가 좁을수록 많이 사용했다는 뜻이에요

문제

풀이

남아 있는 색종이의 넓이가 좁을수록 사용한 색종이의 넓이가 넓은 것입니다. 남은 색종이의 넓이가 가장 좁은 사람은 승우입니다. 따라서 색종이를 가장 많이 사용한 사람은 승우입니다.

답   승우

5. 50까지의 수

STEP 1 대표 문제 맛보기

사과가 7개 있습니다. 사과 몇 개가 더 있어야 10개가 되는지 구하려고 합니다. 풀이 과정을 쓰고 답을 구하세요. (8점)

1단계 알고 있는 것 (1점) 사과 : ☐ 개

2단계 구하려는 것 (1점) 사과 7개에 몇 개가 더 있어야 사과 ☐ 개가 되는지 구하려고 합니다.

3단계 문제 해결 방법 (2점) 7보다 ☐ 큰 수는 ☐ 인 것을 이용하여 문제를 해결합니다.

4단계 문제 풀이 과정 (3점) 7부터 세어보면 7, ☐, ☐, ☐ 입니다. 10은 7보다 ☐ 큰 수이므로 7개에 ☐ 개가 더 있으면 10개가 됩니다.

5단계 구하려는 답 (1점) 따라서 사과 ☐ 개가 더 있어야 10개가 됩니다.

STEP 2 따라 풀어보기

10을 여러 가지로 나타낸 것 중에서 잘못 이야기한 사람은 누구인지 풀이 과정을 쓰고 답을 구하세요. (9점)

세희	1이 10인 수	여진	9보다 1 큰 수
준구	10이 1인 수	지현	6보다 3큰 수

1단계 알고 있는 것 (1점)

10을 여러 가지로 말한 것을 알고 있습니다.

세희 : 1이 [   ]인 수   여진 : [   ]보다 1 큰 수

준구 : [   ]이 1인 수   지현 : [   ]보다 3큰 수

2단계 구하려는 것 (1점)

[   ]을 잘못 이야기한 사람을 찾으려고 합니다.

3단계 문제 해결 방법 (2점)

각각의 수를 구하여 [   ]이 아닌 것을 찾습니다.

4단계 문제 풀이 과정 (3점)

세희가 말한 1이 10인 수는 [   ]이고, 여진이가 말한 9보다 1 큰 수는 [   ]입니다. 준구가 말한 10이 1인 수는 [   ]이고, 지현이가 말한 6보다 3 큰 수는 [   ]입니다.

5단계 구하려는 답 (2점)

_____

이것만 알면
문제 해결 OK!

📌 **수 읽기**

☆ 일, 이, 삼, 사, 오, … : 수의 차례나 번호와 관계있거나 cm, m, g, kg, mL, L와 같은 단위가 붙을 때
   예) 저는 초등 학교 1(일)학년입니다.

☆ 하나, 둘, 셋, 넷, 다섯, … : 개수와 횟수 등의 크기와 관계있을 때
   예) 내 친구는 6(여섯)명이야.

STEP 3 스스로 풀어보기

1. 다음 일기를 보고 10을 어떻게 읽어야 하는지 차례대로 쓰려고 합니다. 풀이 과정을 쓰고 답을 구하세요. (10점)

> 가족들과 귤 농장에 갔다. 가족들과 귤을 따서 한 상자에 10개씩 담았다.
> 나무에는 덜 익은 귤이 많이 있었다. 10일 후에 농장에 다시 가 봐야겠다.

풀이

10은 두 가지 방법으로 십 또는 ☐ 이라고 읽습니다. 한 상자에 들어가는 귤의 수는

(열 , 십) 개라고 읽고 날짜는 (열 , 십)일 후라고 읽습니다. 따라서 일기 속의 10을 차례대로

읽으면 ☐ 과 ☐ 입니다.

답 _____

2. 다음 일기에는 10이 세 번 쓰여 있습니다. 10을 어떻게 읽어야 하는지 차례대로 쓰려고 합니다. 풀이 과정을 쓰고 답을 구하세요. (15점)

> 언니의 생일은 6월 10일이다. 그래서 가족들과 생일 파티를 했다. 언니는 오늘부
> 터 10살이 된다. 생일 선물로 귀여운 스티커 10장을 주었더니 언니가 좋아했다.
> 언니가 좋아하니 나의 기분도 좋았다.

풀이

답 _____

STEP 1 대표 문제 맛보기

진영이는 사탕 13개를 동생과 나누어 가지려고 합니다. 동생이 진영이보다 사탕을 더 많이 갖도록 나누는 방법은 몇 가지가 있는지 풀이 과정을 쓰고 답을 구하세요. (8점)

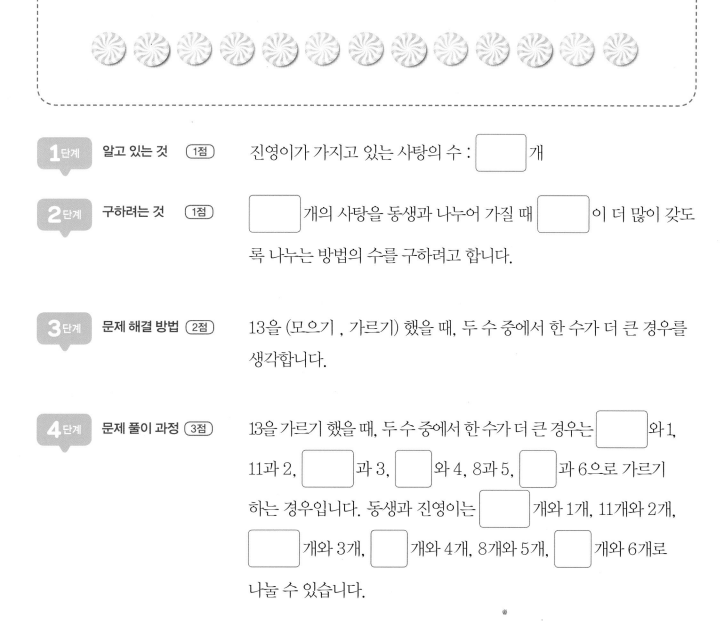

1단계 알고 있는 것 (1점)

진영이가 가지고 있는 사탕의 수 : ☐개

2단계 구하려는 것 (1점)

☐개의 사탕을 동생과 나누어 가질 때 ☐이 더 많이 갖도록 나누는 방법의 수를 구하려고 합니다.

3단계 문제 해결 방법 (2점)

13을 (모으기 , 가르기) 했을 때, 두 수 중에서 한 수가 더 큰 경우를 생각합니다.

4단계 문제 풀이 과정 (3점)

13을 가르기 했을 때, 두 수 중에서 한 수가 더 큰 경우는 ☐와 1, 11과 2, ☐과 3, ☐와 4, 8과 5, ☐과 6으로 가르기 하는 경우입니다. 동생과 진영이는 ☐개와 1개, 11개와 2개, ☐개와 3개, ☐개와 4개, 8개와 5개, ☐개와 6개로 나눌 수 있습니다.

5단계 구하려는 답 (1점)

따라서 동생이 진영이보다 더 많이 갖도록 나누는 방법은 ☐가지 입니다.

수정이와 영민이가 젤리 11개를 나누어 가지려고 합니다. 영민이가 가진 젤리 수가 더 많고, 두 사람이 나누어 가진 젤리 수의 차가 1일 때, 영민이가 가진 젤리 수가 몇 개인지 구하려고 합니다. 풀이 과정을 쓰고 답을 구하세요. (9점)

1단계 알고 있는 것 (1점)

가지고 있는 젤리의 수 : ☐ 개

두 사람이 나눠 가진 젤리 수의 차 : ☐

2단계 구하려는 것 (1점)

(수정 , 영민)이가 가진 젤리 수가 몇 개인지 구하려고 합니다.

3단계 문제 해결 방법 (2점)

☐ 을 가르기 한 후, 차가 ☐ 이 되는 두 수를 찾고 두 수 중에서 더 (큰 , 작은) 수가 영민이가 가진 젤리의 수임을 이용합니다.

4단계 문제 풀이 과정 (3점)

11을 가르기 하면 1과 10, 2와 9, 3과 8, 4와 7, 5와 6, 6과 5, 7과 4, 8과 3, 9와 2, 10과 1입니다.

1과 10의 차는 10 − 1 = ☐ 이고, 2와 9의 차는 9 − 2 = ☐ , 3과 8의 차는 8 − 3 = ☐ , 4와 7의 차는 7 − 4 = ☐ , 5와 6의 차는 6 − 5 = ☐ 입니다. 차가 ☐ 인 두 수는 6과 5이고 두 수 중 더 큰 수는 ☐ 입니다.

5단계 구하려는 답 (2점)

📌 **10부터 19까지의 수 읽기**

수	10	11	12	13	14
읽기	십, 열	십일, 열하나	십이, 열둘	십삼, 열셋	십사, 열넷
수	15	16	17	18	19
읽기	십오, 열다섯	십육, 열여섯	십칠, 열일곱	십팔, 열여덟	십구, 열아홉

이것만 알면 문제 해결 OK!

1. 다음 [보기]의 수를 이용하여 세 사람이 문장을 만들었습니다. 이 중에서 수를 바르게 읽은 사람이 누구인지 풀이 과정을 쓰고 답을 구하세요. (10점)

보기   19, 15, 18

서준   내 번호는 열아홉 번이야.
은서   동전을 열다섯 개 가지고 있어.
현우   열팔일 후에 내 생일이야.

풀이

19는 [ ] 와 열아홉, 15는 십오와 [ ] , 18은 십팔과 [ ] 이라고 읽습니다. 내 번호는 [ ] 번이라고 읽어야 하고, 동전의 수는 [ ] 개라고 읽어야 하며 [ ] 일 후에 내 생일이라고 읽어야 합니다. 따라서 수를 바르게 읽은 사람은 [ ] 입니다.

답

2. 다음 [보기]의 수를 이용하여 세 사람이 문장을 만들었습니다. 이 중에서 수를 잘못 읽은 사람이 누구인지 풀이 과정을 쓰고 답을 구하세요. (15점)

보기   41, 26, 33

준모   우리 집은 사십일 층이야.
지은   나는 스물여섯 층에 살고 있는데.
혜미   나는 삼십삼 층에 살고 있어.

풀이

답

☆ 수의 순서

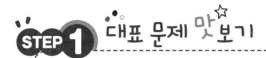

사물함에 번호가 적혀 있습니다. 형주의 사물함 번호는 23보다 1 작은 수입니다. 형주의 사물함 번호는 몇 번인지 풀이 과정을 쓰고 답을 구하세요. (8점)

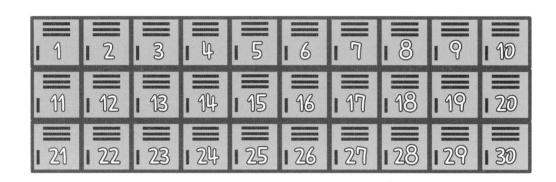

1단계 알고 있는 것 (1점) 형주의 사물함 번호 : ☐ 보다 ☐ 작은 수

2단계 구하려는 것 (1점) ☐ 의 사물함 번호가 몇 번인지 구하려고 합니다.

3단계 문제 해결 방법 (2점) 수를 순서대로 나타냈을 때, 23보다 ☐ 작은 수는 23 바로 (앞 , 뒤)의 수입니다.

4단계 문제 풀이 과정 (3점) 23보다 ☐ 작은 수는 사물함에서 23 바로 (앞 , 뒤)에 있는 수이므로 ☐ 입니다.

5단계 구하려는 답 (1점) 따라서 형주의 사물함 번호는 ☐ 번입니다.

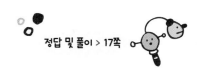

STEP 2 따라 풀어보기

책을 책꽂이에 번호 순서대로 꽂으려고 합니다. 다음 책들 중 빨간 책의 번호는 몇 번인지 풀이 과정을 쓰고 답을 구하세요. (9점)

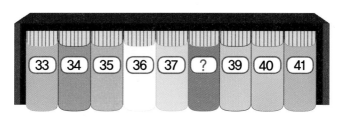

1단계 알고 있는 것 (1점) 꽂혀있는 책의 번호 : ◻ 부터 41까지의 수가 순서대로 쓰여 있습니다. 37과 ◻ 사이의 수가 비어있습니다.

2단계 구하려는 것 (1점) 빨간 책의 ◻ 가 몇 번인지 구하려고 합니다.

3단계 문제 해결 방법 (2점) ◻ 부터 41까지 수를 순서대로 나타내고 ◻ 과 39 사이의 수를 찾습니다.

4단계 문제 풀이 과정 (3점) 33부터 수를 순서대로 나타내면 33, 34, 35, ◻ , ◻ , ◻ , ◻ , ◻ , 41이므로 37과 39사이의 수는 ◻ 입니다.

5단계 구하려는 답 (2점)

123
이것만 알면
문제해결 OK!

📌 수의 순서

	← 1씩 작아집니다.					1씩 커집니다. →			
1	2	3	4	5	6	7	8	9	10
11	12	13	14	15	16	17	18	19	20
21	22	23	24	25	26	27	28	29	30
31	32	33	34	35	36	37	38	39	40
41	42	43	44	45	46	47	48	49	50

10씩 작아집니다. ↑   10씩 커집니다. ↓

STEP 3 스스로 풀어보기

1. ●를 30개가 되도록 그리려고 합니다. 더 그려 넣어야 하는 ●는 몇 개인지 풀이 과정을 쓰고 답을 구하세요. (10점)

풀이

●가 [ ]개 그려져 있습니다. 18부터 이어서 세기를 하여 순서대로 [ ]까지 나타냅니다. 18, 19, 20, 21, 22, 23, 24, 25, 26, 27, 28, 29, [ ] 이므로 더 그려야 할 ●의 개수는 [ ]개입니다.

답 _____

---

2. 하진이는 부모님과 버스를 타고 여행을 가려고 합니다. 하진이의 좌석 번호는 몇 번인지 풀이 과정을 쓰고 답을 구하세요. (15점)

⋮	복도	⋮	⋮
19		하진	21
16		17	18
13			15
⋮		⋮	⋮

풀이

답 _____

수의 크기 비교

STEP 1 대표 문제 맛보기

㉠과 ㉡ 중에서 더 큰 수는 어느 것인지 기호로 쓰려고 합니다. 풀이 과정을 쓰고 답을 구하세요. (8점)

> ㉠ 10개씩 묶음 4개와 낱개 2개
> ㉡ 사십칠

1단계 알고 있는 것 (1점)　㉠ 10개씩 묶음 ☐ 개와 낱개 ☐ 개

㉡ ☐

2단계 구하려는 것 (1점)　㉠과 ㉡ 중에서 더 (큰 , 작은) 수는 무엇인지 구하려고 합니다.

3단계 문제 해결 방법 (2점)　☐ 개씩 묶음의 수부터 비교하고 10개씩 묶음의 수가 같으면

☐ 의 수를 비교하여 더 (큰 , 작은) 수를 찾습니다.

4단계 문제 풀이 과정 (3점)　10개씩 묶음 4개와 낱개 2개는 ☐ 이므로 ㉠은 ☐ 입니다.

사십칠은 숫자로 ☐ 이므로 ㉡은 ☐ 입니다. 42와 47은

10개씩 묶음 수가 ☐ 로 같으므로 낱개의 수를 비교하면 ☐ 이

2보다 크므로 ☐ 이 42보다 더 큽니다.

5단계 구하려는 답 (1점)　따라서 ㉠과 ㉡ 중 더 큰 수는 ☐ 입니다.

따라 풀어보기 ☆

다음 주어진 수들의 크기를 비교하여 크기가 작은 수부터 순서대로 나타내려고 합니다. 풀이 과정을 쓰고 답을 구하세요. (9점)

| 37 | 24 | 32 | 15 | 41 |

1단계 알고 있는 것 (1점)   주어진 수 : 37, 24, ☐ , 15, ☐

2단계 구하려는 것 (1점)   5개의 수를 크기가 (큰 , 작은) 수부터 순서대로 나타내려고 합니다.

3단계 문제 해결 방법 (2점)   10개씩 묶음이 더 적은 수가 (큰 , 작은) 수이고, 10개씩 묶음 수가 같은 경우 낱개가 적을수록 (큰 , 작은) 수입니다.

4단계 문제 풀이 과정 (3점)   10개씩 묶음 수가 작은 수부터 순서대로 쓰면 15, ☐ , 37, ☐ , 41입니다. 이 중 37과 ☐ 는 10개씩 묶음 수가 같으므로 낱개의 수를 비교하면 ☐ 가 7보다 작습니다. 그러므로 ☐ 가 37보다 작습니다.

5단계 구하려는 답 (2점)   _____

📌 **수의 크기 비교하기**

☆ 10개씩 묶음 수가 다른 경우, 10개씩 묶음 수가 큰 것이 더 큰 수입니다.

☆ 10개씩 묶음 수가 같은 경우, 낱개를 비교합니다.

유형❹

1. 3장의 수 카드 중에서 2장을 골라 한 장은 10개씩 묶음의 수로, 다른 한 장은 낱개의 수로 몇십몇을 만들려고 합니다. 만들 수 있는 가장 큰 수는 무엇인지 풀이 과정을 쓰고 답을 구하세요. (10점)

| 2 | 4 | 3 |

풀이

수 카드의 수의 크기를 비교하여 가장 큰 수는 ☐ 개씩 묶음의 수로 하고, 둘째로 큰 수는 ☐ 의 수로 하면 가장 큰 몇십몇이 됩니다. 수의 크기를 비교하면 ☐ 가 가장 크고 둘째로 큰 수는 ☐ 입니다. 따라서 만들 수 있는 가장 큰 몇십몇은 ☐ 입니다.

답 _____

2. 3장의 수 카드 중에서 2장을 골라 한 장은 10개씩 묶음 수로, 다른 한 장은 낱개의 수로 몇십몇을 만들려고 합니다. 만들 수 있는 가장 작은 수는 무엇인지 풀이 과정을 쓰고 답을 구하세요. (15점)

| 5 | 2 | 4 |

풀이

답 _____

스스로 문제를 풀어보며 실력을 높여보세요.

 ❶

 유형❶+❸

 힌트로 해결 끝!

6과 4를 모으기 하면 어떤 수가 될까요?

다음 수보다 6만큼 큰 수는 무엇인지 수를 순서대로 써보면서 찾아 답하려고 합니다. 풀이 과정을 쓰고 답을 구하세요. 20점

> 6과 4를 모으기 한 수

풀이

답

 ❷

 유형❷+❹

 힌트로 해결 끝!

13부터 21까지의 수에는 13과 21이 들어가요.

13부터 21까지의 수 중 다음의 수보다 작은 수를 모두 구하려고 합니다. 풀이 과정을 쓰고 답을 구하세요. 20점

> 10개씩 묶음 1개와 낱개 7개인 수

풀이

답

3 스토리텔링

시후의 생일에 시후 어머니는 생일 선물로 시후가 평소에 좋아하던 미니 자동차를 사 주셨습니다. 시후는 포장된 선물 상자를 열어보고 미니 자동차가 몇 대인지 세어 보았습니다. 시후가 받은 미니 자동차는 몇 대인지 10개씩 묶음의 수와 낱개의 수를 이용해 구하려고 합니다. 풀이 과정을 쓰고 답을 구하세요. (20점)

한 줄에 몇 개씩 있는지 세어 보세요.

한 줄에 꽉 차게 있지 않은 줄도 있네요!

풀이

답

4 창의융합

수를 규칙적으로 쓴 것을 보고 ㉡이 ㉠보다 몇 큰 수인지 구하려고 합니다. 풀이 과정을 쓰고 답을 구하세요. (20점)

13, 17, 21, ㉠, 29, ㉡

어떤 규칙이 있는지 찾아보세요.

찾은 규칙을 이용해서 ㉠과 ㉡에 어떤 수가 들어갈지 생각해보세요.

풀이

답

다음은 주어진 수, 낱말, 조건을 활용해서 만든 문제를 보고 풀이 과정과 답을 구한 것입니다.
어떤 문제였을까요? 거꾸로 문제 만들기, 도전해 볼까요? 20점

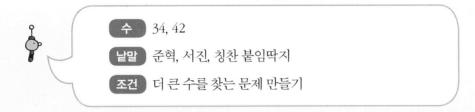

수	34, 42
낱말	준혁, 서진, 칭찬 붙임딱지
조건	더 큰 수를 찾는 문제 만들기

★힌트★
답이 서진이니까 더 많이 모은 사람은 서진이에요~

문제

풀이

34는 10개씩 묶음의 수가 3개이고 낱개의 수가 4개입니다.

42는 10개씩 묶음의 수가 4개이고 낱개의 수가 2개입니다.

10개씩 묶음의 수가 클수록 더 큰 수이므로 42가 34보다 더 큽니다.

따라서 서진이가 준혁이보다 칭찬 붙임딱지를 더 많이 모았습니다.

답   서진

MEMO

MEMO

MEMO

MEMO

초등필수 영단어 시리즈

| 1-2 학년용 | 3-4 학년용 | 5-6 학년용 |

듣고 따라하는
원어민 발음

① 단어와 이미지가
함께 머릿속에!

② 패턴 연습으로
문장까지 쏙쏙 암기

③ 다양한 게임으로
공부와 재미를 한 번에

④ 단어 고르기와
빈칸 채우기로 복습!

⑤ 책 속의 워크북
쓰기 연습과 문제풀이로 마무리

초등필수 영단어 시리즈 [1~2학년] [3~4학년] [5~6학년] 초등교재개발연구소 지음 | 192쪽 | 각 권 11,000원

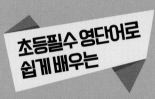

초등필수 영단어로
쉽게 배우는

초등필수 영문법+쓰기

창의력 향상
워크북이
들어 있어요!

| 영문법 + 쓰기1 | 영문법 + 쓰기2 |

교육부 초등 권장 어휘 +
학년별 필수 표현 활용

★ "창의융합"과정을 반영한 **영문법+쓰기**

★ 초등필수 영단어를 활용한 **어휘탄탄**

★ 핵심 문법의 기본을 탄탄하게 잡아주는 **기초탄탄+기본탄탄**

★ 기초 영문법을 통해 문장을 배워가는 **실력탄탄+영작탄탄**

★ 창의적 활동으로 응용력을 키워주는 **응용탄탄**
   (퍼즐, 미로 찾기, 도형 맞추기, 그림 보고 어휘 추측하기 등)

초등필수 영문법 + 쓰기 시리즈 [1권] 넥서스영어교육연구소 지음 | 236쪽 | 12,000원 [2권] 넥서스영어교육연구소 지음 | 212쪽 | 12,000원

초등수학

한 권으로
서술형
끝

정답

1

초등수학
1-1 과정

초등수학

한 권으로 서술형 끝

정답

1

초등수학
1-1 과정

넥서스에듀

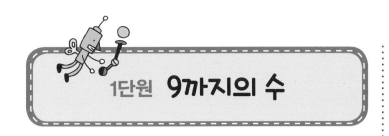

1단원 9까지의 수

핵심유형1 1부터 9까지의 수

STEP 1
P. 12

1단계 연필, 지우개, 주사위

2단계 4

3단계 연필, 지우개, 주사위, 수

4단계 7, 4, 6

5단계 지우개

STEP 2
P. 13

1단계 삼

2단계 삼, 수

3단계 수

4단계 1, 3, 수, 4

5단계 따라서 「아기 돼지 삼 형제」 그림에 있는 동물은 모두 4 마리입니다.

STEP 3
P. 14

❶

풀이 5, 6, 8, 비행기, 육, 여섯

답 비행기, 육, 여섯

	세부 내용	점수
풀이 과정	① 자전거의 수를 세어 5로 나타낸 경우	1
	② 비행기의 수를 세어 6으로 나타낸 경우	1
	③ 자동차의 수를 세어 8로 나타낸 경우	1
	④ 수가 6인 것을 찾아 비행기라고 한 경우	3
	⑤ 6을 육과 여섯으로 읽은 경우	3
답	비행기, 육, 여섯을 모두 쓴 경우	1
	총점	10

❷

풀이 펭귄의 수를 세어 보면 하나, 둘, 셋, 넷, 다섯, 여섯, 일곱, 여덟, 아홉이므로 수로 나타내면 9입니다. 9는 구 또는 아홉이라고 읽습니다.

답 쓰기: 9, 읽기: 구, 아홉

	세부 내용	점수
풀이 과정	① 펭귄의 수를 세어 하나, 둘, 셋, 넷, 다섯, 여섯, 일곱, 여덟, 아홉으로 나타낸 경우	4
	② 아홉을 9로 나타낸 경우	4
	③ 9를 구 또는 아홉으로 읽은 경우	5
답	9, 구, 아홉을 모두 쓴 경우	2
	총점	15

 **핵심유형2** 수의 순서

STEP 1
P. 15

1단계 수안

2단계 수안, 선생님

3단계 앞, 순서

4단계 첫째, 둘째, 셋째, 넷째, 다섯째, 여섯째, 일곱째, 여덟째, 아홉째

5단계 여섯째

STEP 2
P. 16

1단계 빨간색, 노란색, 보라색, 검은색

2단계 다섯, 색

3단계 세어

4단계 첫째, 둘째, 셋째, 넷째, 다섯째, 여섯째, 일곱째, 여덟째, 아홉째

5단계 따라서 왼쪽에서 다섯째 풍선은 초록색입니다.

STEP 3
P. 17

❶

풀이 9, 첫째, 둘째, 셋째, 넷째, 넷째

답 넷째

	세부 내용	점수
풀이 과정	① 쌓기나무의 개수를 9개로 센 경우	3
	② 아래에서부터 첫째, 둘째, 셋째, 넷째로 나타낸 경우	3
	③ 파란색 쌓기나무가 넷째에 있음을 나타낸 경우	3
답	넷째라고 쓴 경우	1
총점		10

❷

풀이　코끼리가 셋째에 달리고 있으므로 오른쪽부터 센 것입니다. 오른쪽부터 거북은 첫째, 기린은 둘째, 코끼리는 셋째, 곰은 넷째, 호랑이는 다섯째, 말은 여섯째이므로 말은 여섯째에 있습니다.

답　여섯째

	세부 내용	점수
풀이 과정	① 코끼리가 셋째이므로 오른쪽에서부터 순서를 나타내야 함을 설명한 경우	5
	② 오른쪽부터 동물들을 첫째, 둘째, 셋째, 넷째, 다섯째, 여섯째로 나타낸 경우	4
	③ 말은 여섯째에 있음을 나타낸 경우	4
답	여섯째라고 쓴 경우	2
총점		15

 핵심유형❸　1만큼 더 큰 수와 1만큼 더 작은 수

STEP 1 ⋯⋯⋯⋯⋯⋯⋯⋯⋯⋯⋯⋯⋯⋯⋯⋯ P. 18

1단계　4, 1

2단계　1, 수

3단계　작은, 작은, 앞

4단계　1, 1, 3

5단계　3

STEP 2 ⋯⋯⋯⋯⋯⋯⋯⋯⋯⋯⋯⋯⋯⋯⋯⋯ P. 19

1단계　1

2단계　수

3단계　1, 작은, 작은, 앞

4단계　1, 1, 1, 0

5단계　따라서 우산꽂이에 남아 있는 우산은 0개입니다.

STEP 3 ⋯⋯⋯⋯⋯⋯⋯⋯⋯⋯⋯⋯⋯⋯⋯⋯ P. 20

❶

풀이　4, 4 / 4, 5, 4, 5 / 5, 오, 다섯

답　쓰기: 5, 읽기: 오, 다섯

	세부 내용	점수
풀이 과정	① 사자의 다리 수가 4임을 나타낸 경우	2
	② 4보다 1 큰 수를 5라고 쓴 경우	4
	③ 5를 오 또는 다섯으로 바르게 읽은 경우	3
답	5, 오, 다섯을 모두 쓴 경우	1
총점		10

❷

풀이　양이 1마리 있습니다. 1보다 1만큼 더 작은 수는 수를 순서대로 썼을 때 1의 바로 앞의 수입니다. 1의 바로 앞의 수는 0이므로 1보다 1만큼 더 작은 수는 0입니다. 0은 영이라고 읽습니다.

답　0, 영

	세부 내용	점수
풀이 과정	① 양의 수를 세어 1로 나타낸 경우	3
	② 1보다 1 작은 수를 바르게 쓴 경우	5
	③ 0을 영으로 바르게 읽은 경우	5
답	0과 영을 모두 쓴 경우	2
총점		15

 핵심유형❹　수의 크기 비교

STEP 1 ⋯⋯⋯⋯⋯⋯⋯⋯⋯⋯⋯⋯⋯⋯⋯⋯ P. 21

1단계　4, 6

2단계　안전모, 킥보드

3단계　큰, 뒤

4단계　뒤, 6, 6, 큰

5단계　킥보드, 안전모

 제시된 풀이는 모범답안이므로 채점 기준표를 참고하여 채점하세요.

1단계   8, 6

2단계   적게

3단계   작은, 앞

4단계   앞, 6, 6, 작은

5단계   따라서 조개의 수가 물고기의 수보다 적습니다.

❶

풀이   7, 9, 8 / 8, 7, 8, 7 / 진화

답   진화

오답 제로를 위한   채점 기준표

	세부 내용	점수
풀이 과정	① 서연이가 산 사탕의 수를 7로 나타낸 경우	2
	② 진화가 산 사탕의 수를 8로 나타낸 경우	3
	③ 7과 8중 더 큰 수가 8임을 나타낸 경우	3
	④ 사탕을 더 많이 산 사람은 진화라고 결론 지은 경우	1
답	진화라고 쓴 경우	1
	총점	10

❷

풀이   서진이는 책을 7권 읽었고 민우는 5권보다 1권 더 많이 읽었으므로 민우가 읽은 책은 6권입니다. 수를 순서대로 나타냈을 때 7이 6보다 뒤에 있는 수이므로 7이 6보다 큰 수입니다. 따라서 서진이와 민우 중에서 책을 더 많이 읽은 친구는 서진이입니다.

답   서진

오답 제로를 위한   채점 기준표

	세부 내용	점수
풀이 과정	① 서진이가 읽은 책의 수를 7로 나타낸 경우	3
	② 민우가 읽은 책의 수를 6으로 나타낸 경우	5
	③ 7과 6 중 더 큰 수가 7임을 나타낸 경우	3
	④ 책을 더 많이 읽은 친구가 서진임을 결론지은 경우	2
답	서진이라고 쓴 경우	2
	총점	15

실력 다지기

❶

풀이   (가) 상자에는 사탕이 8개, (나) 상자에는 사탕이 9개 들어 있습니다. 9가 8보다 크므로 (나) 상자에 사탕이 더 많이 들어 있습니다. 따라서 태빈이는 (나) 상자를 사야 합니다

답   (나) 상자

오답 제로를 위한   채점 기준표

	세부 내용	점수
풀이 과정	① (가) 상자에 있는 사탕의 수를 8개로 나타낸 경우	3
	② (나) 상자에 있는 사탕의 수를 9개로 나타낸 경우	3
	③ 8과 9중 더 큰 수가 9임을 나타낸 경우	8
	④ 태빈이가 사야 할 사탕 상자가 (나) 상자라고 나타낸 경우	3
답	(나) 상자라고 쓴 경우	3
	총점	20

❷

풀이   한 줄로 나열된 숫자 카드의 순서를 알아보면 왼쪽에서 여덟째에 있는 수는 8입니다. 수를 1부터 9까지 순서대로 쓰면 8보다 1 작은 수는 8의 바로 앞의 수인 7입니다. 따라서 8보다 1만큼더 작은 수는 7입니다.

답   7

오답 제로를 위한   채점 기준표

	세부 내용	점수
풀이 과정	① 왼쪽에서부터 순서를 나타낸 경우	3
	② 왼쪽에서부터 여덟째에 있는 수가 8임을 나타낸 경우	6
	③ 8보다 1 작은 수를 7로 나타낸 경우	8
답	7이라고 쓴 경우	3
	총점	20

❸

풀이   서랍장을 보면 아래에서부터 양말-속옷-바지-티셔츠-점퍼-모자 순서로 정리되어 있습니다. 따라서 바지는 아래에서부터 셋째, 모자는 아래에서부터 여섯째에 넣어야 합니다.

답   셋째, 여섯째

오답 제로를 위한   채점 기준표

	세부 내용	점수
풀이 과정	① 아래에서부터 순서를 나타낸 경우	3
	② 양말부터 모자까지 순서를 바르게 쓴 경우	2
	③ 바지를 넣어야 할 서랍 순서를 셋째로 쓴 경우	6
	④ 모자를 넣어야 할 서랍 순서를 여섯째로 쓴 경우	6
답	셋째, 여섯째를 모두 쓴 경우	3
	총점	20

❹

풀이   행복 백화점 방문객 수 872436에서 왼쪽에서 넷째에 있는
숫자는 4이고, 사랑 백화점 방문객수 683719에서 왼쪽에서
넷째에 있는 숫자는 7입니다. 4와 7 중 더 큰 수는 7이므로
방문객 수에서 왼쪽에서 넷째에 있는 숫자가 더 큰 백화점
은 사랑 백화점입니다.

답   사랑 백화점

오답 제로를 위한 **채점 기준표**

	세부 내용	점수
풀이 과정	① 행복 백화점 방문객 수에서 왼쪽에서 넷째에 있는 숫자가 4임을 나타낸 경우	5
	② 사랑 백화점 방문객 수에서 왼쪽에서 넷째에 있는 숫자가 7임을 나타낸 경우	5
	③ 4와 7 중 더 큰 수가 7이라고 나타낸 경우	4
	④ 왼쪽에서 넷째에 있는 숫자가 더 큰 백화점은 사랑 백화점이라고 나타낸 경우	3
답	사랑 백화점라고 쓴 경우	3
	총점	20

 .... P. 26

문제   사과 5개와 귤 8개가 있습니다. 어떤 과일이 더 많이 있는
지 풀이 과정을 쓰고 답을 구하세요.

오답 제로를 위한 **채점 기준표**

	세부 내용	점수
풀이 과정	① 문제에 5와 8의 숫자가 들어간 경우	7
	② 문제에 사과와 귤이라는 낱말이 들어간 경우	8
	③ 수의 크기에 관한 문제를 출제한 경우	10
	총점	25

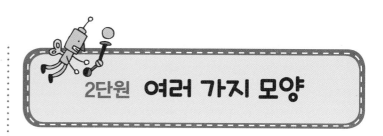

2단원 여러 가지 모양

 **핵심유형 1**   **여러 가지 모양 알아보기**

STEP 1 .... P. 28

1단계   평평한, 구르지

2단계   평평한, 구르지, 기호

3단계   특징, 기호

4단계   ㉠, ㉡, ㉣, ㉤ / ㉠, ㉣ / ㉠, ㉣

5단계   ㉠, ㉣

STEP 2 .... P. 29

1단계   둥근, 평평한, 없

2단계   모두, 모양

3단계   모양, 모두

4단계   ⬛,● / ⬛,⬛ / ⬛,●

5단계   따라서 세 친구가 설명하는 것을 모두 만족시키는 모양
은 모양입니다.

STEP 3 .... P. 30

❶

풀이   평평한, 뾰족한, ⬛

답   ⬛모양

오답 제로를 위한 **채점 기준표**

	세부 내용	점수
풀이 과정	① 이 모양에 평평한 부분이 있다고 쓴 경우	2
	② 이 모양에 뾰족한 부분이 있다고 쓴 경우	2
	③ 잘 굴러가지 않는다고 쓴 경우	2
	④ ⬛모양이라는 것을 찾을 경우	3
답	⬛모양이라고 쓴 경우	1
	총점	10

 제시된 풀이는 모범답안이므로
채점 기준표를 참고하여 채점하세요.

❷

풀이 이 모양은 둥근 부분으로만 되어 있어 쌓을 수 없고 잘 굴러갑니다. 따라서 이 모양은 ●모양입니다. [보기] 중 ●모양은 오렌지, 야구공이 있습니다.

답 오렌지, 야구공

채점 기준표

	세부 내용	점수
풀이 과정	① 둥근 부분으로만 되어 있음을 쓴 경우	3
	② 잘 굴러감을 쓴 경우	3
	③ 쌓을 수 없음을 쓴 경우 또는 평평한 면이 없어 쌓을 수 없다고 표현한 경우	3
	④ ●모양임을 나타낸 경우	2
	⑤ 주변의 ●모양을 두 가지 쓴 경우	2
답	오렌지, 야구공 두 가지 모두를 쓴 경우	2
	총점	15

여러 가지 모양 만들기

STEP ①   P. 31

1단계 ▨, ⬛, ●

2단계 ▨, ⬛, ●

3단계 ▨, ⬛, ●, 수

4단계 5, 4, 2

5단계 ▨

STEP ②   P. 32

1단계 ⬛, ▨, ●

2단계 모양

3단계 ⬛, ▨, ●

4단계 4, 2, 1 / 2, 3, 3 / 4, 2, 1 / 2, 4, 2

5단계 따라서 보기에 주어진 것을 모두 사용하여 만든 모양은 ㉡입니다.

STEP ③   P. 33

❶

풀이 5, 6, ⬛

답 ⬛모양

채점 기준표

	세부 내용	점수
풀이 과정	① 사용된 ⬛모양의 수를 5라고 나타낸 경우	3
	② 사용된 ⬛모양의 수를 6이라고 나타낸 경우	3
	③ 사용되지 않은 모양이 ⬛모양임을 찾은 경우	3
답	⬛모양을 쓴 경우	1
	총점총점	10

❷

풀이 그림에서 ⬛모양은 3개, ⬛모양은 7개가 사용되었습니다. 따라서 그림에서 사용되지 않은 모양은 ●모양입니다.

답 ●모양

채점 기준표

	세부 내용	점수
풀이 과정	① 사용된 ⬛모양의 수를 3이라고 나타낸 경우	4
	② 사용된 ⬛모양의 수를 7이라고 나타낸 경우	4
	③ 사용되지 않은 모양이 ●모양임을 찾은 경우	5
답	●모양을 쓴 경우	2
		15

                                                              P. 34

❶

풀이 ⬛모양 2개, ⬛모양 4개, ●모양 3개로 만들었습니다. 2, 4, 3 중 가장 큰 수는 4이므로 가장 많이 사용한 모양은 ⬛모양입니다.

답 ⬛모양

채점 기준표

	세부 내용	점수
풀이 과정	① 사용된 ⬛모양의 수를 2라 쓴 경우	3
	② 사용된 ⬛모양의 수를 4라 쓴 경우	3
	③ 사용된 ●모양의 수를 3이라 쓴 경우	3
	④ 가장 큰 수가 4임을 쓴 경우	5
	⑤ 가장 많이 사용된 모양은 ⬛모양임을 찾은 경우	4
답	⬛모양을 쓴 경우	2
	총점	20

❷

풀이　■모양, ▇모양, ▇모양이 되풀이 되는 규칙입니다. 그러므로 □ 안에 들어갈 모양은 ▇모양입니다. 우리 주변에 ▇모양으로 되어 있는 물건은 통조림 캔, 연필꽂이, 컵 등이 있습니다.

답　　⑩ 통조림 캔, 연필꽂이, 컵

	세부 내용	점수
풀이 과정	① ■, ▇, ●모양이 반복 되는 규칙을 찾은 경우	6
	② □안에 ▇모양이 들어감을 찾은 경우	5
	③ 주변에 ▇모양을 찾아 3가지 쓴 경우	7
답	▇모양을 실생활에서 찾아 세 가지를 쓴 경우	2
	총점	20

❸

풀이　유현이와 의경이가 말한 모양은 뾰족한 부분도 없고 평평한 부분도 없는 ●모양입니다. 따라서 나열된 물건들 중 ●모양은 수박, 농구공, 풍선으로 3개입니다.

답　　3개

	세부 내용	점수
풀이 과정	① 두 친구가 말한 것이 ●모양임을 찾은 경우	8
	② 보기에서 수박, 농구공, 풍선을 찾아 쓴 경우	8
	③ ●모양을 세어 수로 쓴 경우	2
답	3개라고 쓴 경우	2
	총점	20

❹

풀이　주훈이는 ■모양 블록 5개, ▇모양 블록 5개, ●모양 블록 5개를 가지고 있습니다. 주훈이가 만들려고 하는 자동차는 ■모양 블록 4개, ▇모양 블록 6개, ●모양 블록 4개가 필요한데 ■, ●모양 블록은 1개가 남습니다. 그러나 ▇모양 블록은 1개가 부족하므로 주훈이가 가지고 있는 블록으로는 자동차를 만들 수 없습니다.

답　　만들 수 없습니다.

	세부 내용	점수
풀이 과정	① 가지고 있는 ■모양 블록의 수가 5임을 쓴 경우	2
	② 가지고 있는 ▇모양 블록의 수가 5임을 쓴 경우	2
	③ 가지고 있는 ●모양 블록의 수가 5임을 쓴 경우	2
	④ 만들려고 하는 ■모양 블록의 수가 4임을 쓴 경우	2
	⑤ 만들려고 하는 ▇모양 블록의 수가 6임을 쓴 경우	2
	⑥ 만들려고 하는 ●모양 블록의 수가 4임을 쓴 경우	2
	⑦ ▇모양이 1개 부족함을 밝힌 경우	3
	⑧ 자동차를 만들 수 없음을 밝힌 경우	3
답	만들 수 없음을 적은 경우	2
	총점	20

.... P. 36

문제　그림에 있는 물건들의 특징을 쓰고 이 물건들은 ■, ▇, ●모양 중 어떤 모양인지 풀이 과정을 쓰고 답을 구하세요.

	세부 내용	점수
풀이 과정	① 문제의 그림에 주어진 그림이 들어가 있는 경우	10
	② 문제에 ■, ▇, ●모양을 언급한 경우	8
	③ 선물 상자의 특징에 적합한 ■모양을 바르게 고른 경우	7
	총점	25

제시된 풀이는 모범답안이므로
채점 기준표를 참고하여 채점하세요.

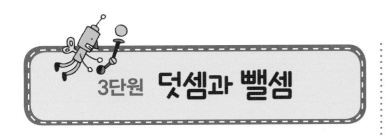

3단원 덧셈과 뺄셈

 **모으기**

STEP 1 .... P. 38

1단계	2, 6
2단계	왼, 모으면
3단계	왼, 오른, 모으기
4단계	8, 2, 8
5단계	8

STEP 2 .... P. 39

1단계	6, 8
2단계	모으기, 수
3단계	모으기, 6, 8
4단계	4, 6, 4 / 3, 8, 3
5단계	따라서 ㉠에 알맞은 수는 4이고, ㉡에 알맞은 수는 3입니다.

STEP 3 .... P. 40

❶

풀이 5, 2, 4 / 2, 4, 6 / 5, 6

답 6

오답 제로를 위한 **채점 기준표**

	세부 내용	점수
풀이 과정	① 5보다 작은 수 2와 4를 쓴 경우	3
	② 2와 4의 모으기 한 수가 6임을 쓴 경우	4
	③ 5보다 작은 수를 찾아 모으기 한 수가 6이라고 결론지은 경우	2
답	6을 쓴 경우	1
총점		10

❷

풀이 6, 9, 7, 3, 8의 수 중에서 7보다 작은 수는 6과 3입니다. 6과 3을 모으면 9가 됩니다. 따라서 7보다 작은 수를 찾아 모으기 하면 9입니다.

답 9

오답 제로를 위한 **채점 기준표**

	세부 내용	점수
풀이 과정	① 7보다 작은 수 6과 3을 쓴 경우	4
	② 6과 3을 모으기 한 수가 9임을 쓴 경우	4
	③ 7보다 작은 수를 찾아 모으기 한 수가 9라고 결론지은 경우	5
답	9를 쓴 경우	2
총점		15

 **가르기**

STEP 1 .... P. 41

1단계	6
2단계	두
3단계	6, 가르기
4단계	5, 4, 3, 3, 2, 1
5단계	1, 4, 3, 3

STEP 2 .... P. 42

1단계	5, 1, 6
2단계	가르기
3단계	9, 가르기
4단계	4, 4, 6, 3
5단계	따라서 ㉠에 알맞은 수는 4이고, ㉡에 알맞은 수는 3입니다.

❶

풀이 3, 3, 2, 2 / 3, 2, 3, 2 / ㉠

답 ㉠

오답 제로를 위한 **채점 기준표**

	세부 내용	점수
풀이 과정	① 6을 3과 3으로 가르기 할 수 있다고 한 경우	1
	② ㉠이 3임을 바르게 쓴 경우	2
	③ 2와 5를 모으기 하면 7이 된다고 한 경우	1
	④ ㉡이 2임을 바르게 쓴 경우	2
	⑤ 3과 2 중에서 3이 더 크므로 ㉠과 ㉡ 중에서 ㉠이 더 크다고 한 경우	3
답	㉠을 쓴 경우	1
총점		10

❷

풀이 8은 3과 5로 가르기 할 수 있으므로 ㉠은 5이고, 9는 3과 6으로 가르기 할 수 있으므로 ㉡은 6입니다. 5와 6을 비교하면 5는 6보다 더 작습니다. 따라서 ㉠과 ㉡ 중에서 더 작은 수는 ㉠입니다.

답 ㉠

오답 제로를 위한 **채점 기준표**

	세부 내용	점수
풀이 과정	① 8이 5와 3으로 가르기 됨을 밝힌 경우	2
	② ㉠이 5임을 쓴 경우	2
	③ 9는 3과 6으로 가르기 됨을 밝힌 경우	2
	④ ㉡이 6임을 쓴 경우	2
	⑤ 5와 6을 비교해 5가 더 작다고 한 경우	3
	⑥ ㉠과 ㉡ 중 ㉠이 더 작다고 결론지은 경우	2
답	㉠을 쓴 경우	2
총점		15

핵심유형 3 덧셈

1단계 5, 4

2단계 5, 4, 덧셈식

3단계 더하기, 덧셈식

4단계 5, 4, 더하는, 9

5단계 9

1단계 6, 3

2단계 6, 3

3단계 더하기, 덧셈식

4단계 6, 3, 더하는, 6, 3, 9

5단계 따라서 교실에 있는 학생 수는 모두 9명입니다.

❶

풀이 더한, 4, 5 / 덧셈식, 4, 5, 9 / 9

답 9장

오답 제로를 위한 **채점 기준표**

	세부 내용	점수
풀이 과정	① 사야 하는 기차표의 수가 가족 수의 합과 같음을 설명한 경우	3
	② 각각의 가족 수를 나타내고 더하기를 설명한 경우	2
	③ 4+5=9임을 나타낸 경우	2
	④ 사야 하는 기차표 수를 9장으로 나타낸 경우	2
답	9장이라고 쓴 경우	1
총점		10

❷

풀이 청소하고 있는 학생 수를 구하려면 연지네 모둠원 수에 승민이네 모둠원 수를 더해서 구해야 합니다. 연지네 모둠원 5명과 승민이네 모둠원 3명이 모두 몇 명인지 덧셈식으로 나타내면 5+3=8이므로 청소를 하고 있는 학생은 모두 8명입니다.

답 8명

오답 제로를 위한 **채점 기준표**

	세부 내용	점수
풀이 과정	① 두 수를 더해야 함을 설명한 경우	3
	② 각 모둠의 모둠원 수가 5명, 3명임을 밝힌 경우	3
	③ 5+3=8임을 나타낸 경우	4
	④ 청소하고 있는 학생 수를 8명으로 나타낸 경우	3
답	8명이라고 쓴 경우	2
총점		15

제시된 풀이는 **모범답안**이므로
채점 기준표를 참고하여 채점하세요.

핵심유형4 뺄셈

STEP 1 P. 47

1단계 5, 3

2단계 뺄셈식, 강아지, 고양이

3단계 한, 빼기, 뺄셈식

4단계 5, 3, 2 / 뺄셈식, 5, 2

5단계 강아지, 고양이, 2

STEP 2 P. 48

1단계 7, 2, 적은

2단계 윤호

3단계 2, 뺄셈식

4단계 7, 7, 2 / 뺄셈식, 7, 2, 5

5단계 따라서 윤호가 가지고 있는 구슬의 수는 5개입니다.

STEP 3 P. 49

❶

풀이 빼서, 8, 6 / 8, 6, 2 / 2

답 2명

	세부 내용	점수
풀이 과정	① 지안이네 모둠원 수에서 아린이네 모둠의 모둠원 수를 빼서 구한다고 설명한 경우	2
	② 각 모둠의 학생 수를 나타낸 경우	1
	③ 뺄셈식 8−6=2를 쓴 경우	4
	④ 짝을 지을 수 없는 사람 수를 2명으로 나타낸 경우	2
답	2명이라고 쓴 경우	1
	총점	10

❷

풀이 소민이의 나이는 이준이보다 3살 더 어리므로 이준이의 나이에서 3살을 빼서 구합니다. 소민이의 나이를 뺄셈식으로 나타내면 9−3=6이므로 소민이의 나이는 6살입니다.

답 6살

오답 제로를 위한 **채점 기준표**

	세부 내용	점수
풀이 과정	① 이준이의 나이에서 3살을 빼서 소민이의 나이를 구한다고 설명한 경우	3
	② 소민이의 나이를 뺄셈식 9−3=6으로 나타낸 경우	7
	③ 소민이의 나이를 6살로 나타낸 경우	3
답	6살이라고 쓴 경우	2
	총점	15

실력 다지기 P. 50

❶

풀이 두 수를 모으기 하여 8이 되었으므로, 거꾸로 8을 두 수로 가르기 합니다. 8은 1과 7, 2와 6, 3과 5, 4와 4, 5와 3, 6과 2, 7과 1로 가르기 할 수 있습니다. 재현이와 나연이가 가진 쿠키의 수가 같다고 하였으므로 8을 가르기 한 것 중 두 수가 같은 것은 4와 4입니다. 따라서 두 사람은 쿠키를 각각 4개씩 가지고 있으므로 재현이가 가지고 있는 쿠키는 4개입니다.

답 4개

오답 제로를 위한 **채점 기준표**

	세부 내용	점수
풀이 과정	① 두 수를 모으기 하면 8이 되므로 8을 거꾸로 가르기 한다고 한 경우	4
	② 8을 1과 7, 2와 6, 3과 5, 4와 4, 5와 3, 6과 2, 7과 1로 가르기 한 경우	5
	③ 8을 똑같은 두 수로 가르기 한 경우는 4와 4임을 나타낸 경우	4
	④ 쿠키를 두 사람이 각각 4개씩 가지고 있다고 한 경우	3
	⑤ 재현이가 가지고 있는 쿠키가 4개라고 한 경우	2
답	4개라고 쓴 경우	2
	총점	20

❷

풀이 9를 가르기 하여 3과 ㉠이 되었고 4와 3을 모으기 하여 ㉡이 되었습니다. 9는 3과 6으로 가르기 할 수 있으므로 ㉠은 6이고, 4와 3을 모으기 하면 7이므로 ㉡은 7입니다. 따라서 ㉠과 ㉡의 차는 7−6=1이므로 두 수의 차는 1입니다.

답 1

10

오답 제로를 위한 **채점 기준표**

	세부 내용	점수
풀이 과정	① 9를 가르기 하면 3과 6이 됨을 나타낸 경우	4
	② ㉠이 6임을 바르게 쓴 경우	2
	③ 4와 3을 모으기 하면 7이 됨을 나타낸 경우	4
	④ ㉡이 7임을 바르게 쓴 경우	2
	⑤ ㉠과 ㉡의 차를 7−6=1로 나타낸 경우	4
	⑥ ㉠과 ㉡의 차를 1로 결론지은 경우	2
답	1을 쓴 경우	2
총점		20

3

풀이 초록색 접시가 3개, 노란색 접시가 3개 있고 접시의 수를 덧셈식으로 나타내면 3+3=6이므로 접시는 모두 6개입니다. 동물 모양 컵 4개, 하트 모양 컵 5개가 있고 컵의 수를 덧셈식으로 나타내면 4+5=9이므로 컵은 모두 9개 있습니다. 9는 6보다 더 크므로 컵이 더 많고, 컵의 수에서 접시의 수를 빼면 9-6=3이므로 3개 더 많습니다.

답 컵, 3개

오답 제로를 위한 **채점 기준표**

	세부 내용	점수
풀이 과정	① 접시의 수를 3+3=6으로 6개로 구한 경우	5
	② 컵의 수를 4+5=9로 9개로 구한 경우	5
	③ 6과 9를 비교해 9가 더 크므로 컵이 더 많다고 한 경우	1
	④ 접시의 수와 컵의 수의 차를 9−6=3으로 구한 경우	5
	⑤ 컵이 3개 더 많다고 한 경우	2
답	컵, 3개를 모두 쓴 경우	2
총점		20

4

풀이 동생이 형에게 가져다준 쌀가마니는 2가마니이므로 5+2=7로 ㉠은 7입니다. 이때, 동생은 5가마니에서 2가마니를 형에게 주었으므로 5-2=3으로 3가마니가 됩니다. 형이 동생에게 가져다 준 쌀가마니는 2가마니이므로 3+2=5로 ㉡은 5입니다. 따라서 ㉠은 7이고 ㉡은 5입니다.

답 ㉠: 7　㉡: 5

오답 제로를 위한 **채점 기준표**

	세부 내용	점수
풀이 과정	① 5+2=7로 ㉠이 7임을 구한 경우	6
	② 5−2=3으로 동생이 가진 쌀가마니의 수가 3임을 구한 경우	6
	③ 3+2=5로 ㉡이 5임을 구한 경우	6
답	㉠: 7, ㉡: 5라고 쓴 경우	2
총점		20

나만의 문제 만들기

P. 52

문제 위쪽의 아버지 접시에는 떡 7개가 있고 아래쪽의 지원이 접시에는 떡 5개가 있습니다. 위쪽 접시에 있는 떡은 아래쪽 접시에 있는 떡보다 몇 개가 더 많은지 풀이 과정을 쓰고 답을 구하세요.

오답 제로를 위한 **채점 기준표**

	세부 내용	점수
문제	① 위쪽 접시에 떡이 7개 있다고 한 경우	5
	② 아래쪽 접시에 떡이 5개 있다고 한 경우	5
	③ 왼쪽 접시 떡이 오른쪽 접시 떡보다 얼마나 더 많은지 물은 경우(또는 떡 7개와 떡 5개의 차를 구하라고 한 경우)	10
	④ 풀이 과정과 답을 구하라고 한 경우	5
총점		25

제시된 풀이는 모범답안이므로 채점 기준표를 참고하여 채점하세요.

4단원 비교하기

 **길이 비교하기**

STEP 1
P. 54

1단계 길이

2단계 긴

3단계 양, 깁니다

4단계 양, 깁니다, 다정

5단계 다정

STEP 2
P. 55

1단계 아래

2단계 큰

3단계 아래, 위

4단계 위, 큽니다, 연지, 연지

5단계 따라서 지민, 연지, 해린이 중에 키가 가장 큰 사람은 연지입니다.

STEP 3
P. 56

❶

풀이 위, 아래 / 아래, 은수 / 은수

답 은수

	세부 내용	점수
풀이 과정	① 위쪽이 맞추어져 있음을 나타낸 경우	2
	② 아래쪽을 비교하여 가장 많이 내려오면 가장 크다고 나타낸 경우	2
	③ 아래쪽으로 가장 많이 내려 온 사람이 은수임을 표현한 경우	3
	④ 키가 가장 큰 사람이 은수라고 나타낸 경우	2
답	은수라고 쓴 경우	1
	총점	10

❷

풀이 세 사람의 위쪽이 맞추어져 있으므로 아래쪽을 비교합니다. 아래쪽으로 가장 적게 내려온 사람이 가장 작은 사람입니다. 민수, 재진, 재희 중에서 아래쪽으로 가장 적게 내려온 사람은 재진입니다. 따라서 키가 가장 작은 사람은 재진입니다.

답 재진

	세부 내용	점수
풀이 과정	① 위쪽이 맞추어져 있음을 나타낸 경우	3
	② 아래쪽을 비교하여 가장 적게 내려온 사람이 가장 작은 사람이라고 나타낸 경우	3
	③ 아래쪽으로 가장 적게 내려온 사람이 재진임을 표현한 경우	5
	④ 키가 가장 작은 사람은 재진이라고 나타낸 경우	2
답	재진이라고 쓴 경우	2
	총점	15

 **무게 비교하기**

STEP 1
P. 57

1단계 수박, 사과

2단계 무거운

3단계 무겁고, 가볍습니다

4단계 수박

5단계 수박

STEP 2
P. 58

1단계 주연, 지후

2단계 무거운

3단계 무거운

4단계 민기, 민기, 무겁습니다 / 지후, 지후, 무겁습니다 / 지후

5단계 민기, 주연, 지후 중 가장 무거운 사람은 지후입니다.

❶

풀이　아래, 파란, 빨간 / 파란, 빨간, 파란

답　　파란 공

_{오답 제로를 위한} **채점 기준표**

	세부 내용	점수
풀이 과정	① 양팔 저울에서 더 무거운 쪽이 아래쪽으로 내려감(또는 가벼운 쪽이 올라감)을 설명한 경우	2
	② 파란 공이 빨간 공보다 더 무겁다고 한 경우	1
	③ 빨간 공이 노란 공보다 더 무겁다고 한 경우	1
	④ 공들의 무게를 비교한 경우	3
	⑤ 가장 무거운 공이 파란 공임을 쓴 경우	2
답	파란 공이라고 쓴 경우	1
	총점	10

❷

풀이　시소는 더 무거운 동물이 아래로 내려갑니다. 여우는 사슴보다 무겁고 토끼는 여우보다 무겁습니다. 따라서 무거운 순서대로 나타내면 토끼, 여우, 사슴이므로 세 동물 중에 두 번째로 무거운 동물은 여우입니다

답　　여우

_{오답 제로를 위한} **채점 기준표**

	세부 내용	점수
풀이 과정	① 시소는 무거운 동물이 아래로 내려간다고 한 경우	3
	② 여우가 사슴보다 무겁다고 한 경우	3
	③ 토끼가 여우보다 무겁다고 한 경우	3
	④ 세 동물의 무게를 비교한 경우	2
	⑤ 두 번째로 무거운 동물이 여우임을 나타낸 경우	2
답	여우라고 쓴 경우	2
	총점	15

 **핵심유형 3** **넓이 비교하기**

1단계　가방, 공책

2단계　넓은

3단계　넓습니다

4단계　가방, 가방, 가방, 넓습니다

5단계　가방

1단계　같은

2단계　넓은

3단계　넓습니다

4단계　6, 9 / 6, 9, (나)

5단계　따라서 벽이 넓은 것을 기호로 쓰면 (나)입니다.

❶

풀이　많은 / 8, 7, 9 / (다), (다)

답　　(다)

_{오답 제로를 위한} **채점 기준표**

	세부 내용	점수
풀이 과정	① 칸의 수가 가장 많은 것이 가장 넓다고 한 경우	3
	② (가)는 8칸이라고 쓴 경우	1
	③ (나)는 7칸이라고 쓴 경우	1
	④ (다)는 9칸이라고 쓴 경우	1
	⑤ 칸의 수가 가장 많은 것이 (다)이므로 넓이가 가장 넓은 것을 (다)라고 쓴 경우	3
답	(다)라고 쓴 경우	1
	총점	10

❷

풀이　각 칸의 모양과 크기가 같으므로 칸의 수가 가장 적은 것이 넓이가 가장 좁은 것입니다. (가)는 7칸, (나)는 6칸, (다)는 8칸입니다. 칸의 수가 가장 적은 것은 6칸인 (나)이므로 넓이가 가장 좁은 것은 (나)입니다.

답　　(나)

_{오답 제로를 위한} **채점 기준표**

	세부 내용	점수
풀이 과정	① 칸의 수가 가장 적은 것이 가장 좁다고 한 경우	5
	② (가)는 7칸이라고 쓴 경우	1
	③ (나)는 6칸이라고 쓴 경우	1
	④ (다)는 8칸이라고 쓴 경우	1
	⑤ 칸의 수가 가장 적은 것이 (나)이므로 넓이가 가장 좁은 것은 (나)라고 쓴 경우	5
답	(나)라고 쓴 경우	2
	총점	15

 제시된 풀이는 **모범답안**이므로 **채점 기준표**를 참고하여 채점하세요.

 **핵심유형4** 담을 수 있는 양 비교하기

STEP 1   P. 63

1단계 모양, 같은

2단계 적은, 기호

3단계 크기, 높은, 낮은

4단계 많습니다, (가), (다)

5단계 (가), (다)

STEP 2   P. 64

1단계 모양, 다른

2단계 많이, 기호

3단계 높이, 클수록

4단계 크고, 작습니다

5단계 따라서 세 개의 그릇 중 물이 가장 많이 담긴 것을 기호로 쓰면 (다)이고, 가장 적게 담긴 것을 기호로 쓰면 (나)입니다.

STEP 3   P. 65

1

풀이 적을수록, 예나, 예나

답   예나

오답 제로를 위한 **채점 기준표**

	세부 내용	점수
풀이 과정	① 컵에 남아 있는 적을수록 마신양이 많다고 한 경우	3
	② 가장 적게 남아 있는 사람은 예나라고 쓴 경우	3
	③ 물을 가장 많이 마신 사람은 예나임을 나타낸 경우	3
답	예나라고 쓴 경우	1
	총점	10

2

풀이 컵에 들어가는 양이 적을수록 음료수가 많이 남습니다. 유주의 컵이 승헌이의 컵보다 작으므로 담을 수 있는 양이 더 적습니다. 따라서 음료수 병에 남은 음료수가 더 많은 사람은 유주입니다.

답   유주

오답 제로를 위한 **채점 기준표**

	세부 내용	점수
풀이 과정	① 크기가 작은 그릇에 들어가는 양이 더 적으므로 남은 양이 더 많다고 한 경우	3
	② 유주의 컵이 더 작아서 들어가는 양이 더 적다고 한 경우	5
	③ 음료수 병에 남은 음료수가 더 많은 사람은 유주라고 한 경우	5
답	유주라고 쓴 경우	2
	총점	15

 **실력**다지기   P. 66

1

풀이 세 명의 키는 '가장 크다'와 '가장 작다'로 비교하므로 윤서는 바르게 말했습니다. 두 가지 물건의 길이를 비교할 때는 '더 길다'와 '더 짧다'라고 하는데 철민이는 '더 작다'라고 했으므로 잘못 말했습니다. 세 물건의 무게는 '가장 무겁다'와 '가장 가볍다'로 비교하므로 보경이는 바르게 말했습니다. 따라서 비교하는 말을 잘못 말한 친구는 철민입니다.

답   철민

오답 제로를 위한 **채점 기준표**

	세부 내용	점수
풀이 과정	① 세 사람의 키를 비교할 때 가장 크다, 가장 작다로 비교하므로 윤서가 바르게 말하였다고 한 경우	5
	② 두 물건의 길이를 비교할 때 더 길다 더 짧다로 비교하므로 철민이가 잘못 말하였다고 한 경우	5
	③ 세 물건의 무게를 비교할 때 가장 무겁다, 가장 가볍다로 비교하므로 보경이가 바르게 말하였다고 한 경우	5
	④ 잘못 말한 사람이 철민이라고 한 경우	3
답	철민이라고 쓴 경우	2
	총점	20

2

풀이 용수철이 많이 늘어날수록 쌓기나무가 더 무겁습니다. 용수철이 가장 많이 늘어난 것은 ⓒ입니다. 따라서 가장 무거운 쌓기나무는 ⓒ입니다.

답   ⓒ

세부 내용		점수
풀이 과정	① 용수철이 많이 늘어날수록 쌓기나무가 더 무겁다고 한 경우	6
	② 용수철이 가장 많이 늘어난 것은 ⓛ이라고 한 경우	6
	③ 가장 무거운 쌓기나무는 ⓛ이라고 쓴 경우	6
답	ⓛ을 쓴 경우	2
총점		20

❸

풀이 자른 조각을 겹쳤을 때, 남는 쪽이 없는 것이 더 좁습니다. 시온이가 자른 모양 중 가장 좁은 조각은 ㉢이고 예찬이가 자른 모양 중 가장 좁은 조각은 ㉫입니다. ㉢과 ㉫을 비교하면 ㉫이 더 좁습니다. 따라서 예찬이의 조각이 더 좁습니다.

답 예찬

세부 내용		점수
풀이 과정	① 시온이가 자른 모양 중 가장 좁은 조각이 ㉢임을 나타낸 경우	4
	② 예찬이가 자른 모양 중 가장 좁은 조각이 ㉫임을 나타낸 경우	4
	③ ㉢과 ㉫을 비교하여 ㉫이 더 좁음을 표현한 경우	6
	④ 예찬이의 조각이 더 좁다고 쓴 경우	4
답	예찬이라고 쓴 경우	2
총점		20

❹

풀이 노란 구슬 1개를 넣으면 물의 높이가 1칸 올라가고, 파란 구슬 1개를 넣으면 물의 높이가 2칸 올라갑니다. (가) 비커에서 노란 구슬 2개를 꺼내면 물의 높이가 2칸 내려가 3칸이 되고, (나) 비커에서 노란 구슬 1개, 파란 구슬 1개를 꺼내면 물의 높이는 3칸 내려가 2칸이 됩니다. 따라서 구슬을 모두 꺼냈을 때 물이 더 많이 남는 것은 (가) 비커입니다.

답 (가) 비커

세부 내용		점수
풀이 과정	① 노란 구슬 한 개를 넣으면 물의 높이가 1칸 올라 간다고 한 경우	4
	② 파란 구슬 한 개를 넣으면 물의 높이가 2칸 올라 간다고 한 경우	4
	③ (가) 비커에서 노란 구슬 2개를 꺼내면 물의 높이가 2칸 내려가 3칸이 된다고 한 경우	4
	④ (나) 비커에서 노란 구슬 한 개, 파란 구슬 한 개를 꺼내면 물의 높이가 3칸 내려가 2칸이 된다고 한 경우	4
	⑤ 구슬을 모두 꺼냈을 때 물이 더 많이 남는 것은 가 비커라고 한 경우	2
답	(가) 비커라고 쓴 경우	2
총점		20

 나만의 문제 만들기 P. 68

문제 모양과 크기가 같은 색종이를 서영, 가은, 승우가 사용하고 남은 것을 나타낸 것입니다. 사용한 색종이가 가장 많은 사람은 누구인지 풀이 과정을 쓰고 답을 구하세요.

세부 내용		점수
문제	① 모양과 크기가 같은 색종이가 들어간 경우	5
	② 그림에 쓰고 남은 색종이를 언급한 경우	5
	③ 사용한 색종이가 가장 넓은 사람을 구하라는 질문이 들어간 경우	5
총점		15

 제시된 풀이는 **모범답안**이므로 **채점 기준표**를 참고하여 채점하세요.

5단원 50까지의 수

 **핵심유형 1** 9 다음 수 10

STEP 1 .... P. 70

1단계	7
2단계	10
3단계	3, 10
4단계	8, 9, 10 / 3, 3
5단계	3

STEP 2 .... P. 71

1단계	세희 : 10, 여진 : 9, 준구 : 10, 지현 : 6
2단계	10
3단계	10
4단계	10, 10 / 10, 9
5단계	따라서 10을 잘못 이야기한 사람은 지현입니다.

STEP 3 .... P. 72

❶

풀이   열, 열, 십 / 열, 십

답   열, 십

오답 제로를 위한 채점 기준표

	세부 내용	점수
풀이 과정	① 귤의 수 10을 열이라고 읽은 경우	4
	② 날짜 10을 십이라고 읽은 경우	5
답	열, 십을 차례대로 쓴 경우	1
	총점	10

❷

풀이   10은 두 가지 방법으로 십 또는 열이라고 읽습니다. 날짜는 십일이라고 읽고, 나이는 열 살이라고 하며 스티커 수는 열 장이라고 읽습니다. 따라서 일기 속의 10을 차례대로 읽으면 십, 열, 열입니다.

답   십, 열, 열

오답 제로를 위한 채점 기준표

	세부 내용	점수
풀이 과정	① 날짜 10을 십이라고 읽은 경우	4
	② 나이 10을 열이라고 읽은 경우	4
	③ 스티커 수 10을 열이라고 읽은 경우	4
답	십, 열, 열을 모두 쓴 경우	3
	총점	15

 **핵심유형 2** 11~19까지의 수

STEP 1 .... P. 73

1단계	13
2단계	13, 동생
3단계	가르기
4단계	12, 10, 9, 7 / 12, 10, 9, 7
5단계	6

STEP 2 .... P. 74

1단계	11, 1
2단계	영민
3단계	11, 1, 큰
4단계	9, 7, 5, 3, 1 / 1, 6
5단계	따라서 영민이가 가진 젤리의 수는 6개입니다.

STEP 3 .... P. 75

❶

풀이   십구, 열다섯, 열여덟 / 십구, 열다섯, 십팔 / 은서

답   은서

	세부 내용	점수
풀이 과정	① 19는 십구, 열아홉이라고 읽을 수 있다고 한 경우	2
	② 15는 십오, 열다섯이라고 읽을 수 있다고 한 경우	2
	③ 18은 십팔, 열여덟이라고 읽을 수 있다고 한 경우	2
	④ 번호는 십구, 동전의 수는 열다섯, 생일은 십팔로 읽어야 한다고 한 경우	2
	⑤ 바르게 읽은 사람은 은서라고 한 경우	1
답	은서라고 쓴 경우	1
	총점	10

❷

풀이 41은 사십일과 마흔하나, 26은 이십육과 스물여섯, 33은 삼십삼과 서른셋이라고 읽습니다. 층수를 읽을 때는 사십일 층, 이십육 층, 삼십삼 층이라고 읽습니다. 따라서 수를 잘못 읽은 사람은 지은입니다.

답 지은

	세부 내용	점수
풀이 과정	① 41을 사십일, 마흔하나로 읽을 수 있다고 한 경우	3
	② 26을 이십육, 스물여섯으로 읽을 수 있다고 한 경우	3
	③ 33을 삼십삼과 서른셋이라고 읽을 수 있다고 한 경우	3
	④ 층수를 읽을 때는 사십일 층, 이십육 층, 삼십삼 층이라고 읽는다고 한 경우	3
	⑤ 잘못 읽은 사람이 지은임을 표현한 경우	1
답	지은이라고 쓴 경우	2
	총점	15

 **핵심유형 ③** 수의 순서

STEP 1 .... P. 76

1단계 23, 1

2단계 형주

3단계 1, 앞

4단계 1, 앞, 22

5단계 22

STEP 2 .... P. 77

1단계 33, 39

2단계 번호

3단계 33, 37

4단계 36, 37, 38, 39, 40 / 38

5단계 따라서 빨간 책의 번호는 38번입니다.

STEP 3 .... P. 78

❶

풀이 18, 30 / 30, 12

답 12

	세부 내용	점수
풀이 과정	① 그려져 있는 ● 수가 18개임을 나타낸 경우	3
	② 18, 19, 20, 21, 22, 23, 24, 25, 26, 27, 28, 29, 30을 이어 세기한 경우	3
	㉢ 더 그려 넣어야 하는 ●의 개수가 12개임을 나타낸 경우	3
답	12개를 쓴 경우	1
	총점	10

❷

풀이 수를 13부터 21까지 순서대로 나타냈을 때, 19와 21 사이의 수를 구합니다. 13, 14, 15, 16, 17, 18, 19, 20, 21이므로 19와 21 사이의 수는 20입니다. 따라서 하진이의 좌석 번호는 20번입니다.

답 20번

	세부 내용	점수
풀이 과정	① 13부터 21까지의 수를 순서대로 나타내어 19와 21 사이의 수를 찾는다고 설명한 경우	4
	② 13, 14, 15, 16, 17, 18, 19, 20, 21까지 수를 순서대로 나타내고 19와 21사이의 수가 20이라고 한 경우	5
	③ 하진이의 좌석이 20번이라고 한 경우	4
답	20번을 쓴 경우	2
	총점	15

 제시된 풀이는 **모범답안**이므로 채점 기준표를 참고하여 채점하세요.

	세부 내용	점수
풀이 과정	① 가장 작은 수를 만드는 방법을 설명한 경우	5
	② 가장 작은 수는 2이고, 둘째로 작은 수는 4라고 한 경우	4
	③ 만들 수 있는 가장 작은 몇십몇을 24라고 한 경우	4
답	24라고 쓴 경우	2
	총점	15

STEP 1

P. 79

1단계 4, 2, 사십칠

2단계 큰

3단계 10, 낱개, 큰

4단계 42, 42 / 47, 47 / 4, 7, 47

5단계 ㉡

STEP 2

P. 80

1단계 32, 41

2단계 작은

3단계 작은, 작은

4단계 24, 32 / 32, 2 / 32

5단계 따라서 작은 수부터 순서대로 나타내면 15, 24, 32, 37, 41입니다.

STEP 3

P. 81

❶

풀이 10, 낱개 / 4, 3 / 43

답 43

	세부 내용	점수
풀이 과정	① 가장 큰 수를 만드는 방법을 설명한 경우	3
	② 가장 큰 수는 4이고, 둘째로 큰 수는 3이라고 한 경우	3
	③ 만들 수 있는 가장 큰 몇십몇을 43이라고 한 경우	3
답	43이라고 쓴 경우	1
	총점	10

❷

풀이 수 카드의 수의 크기를 비교하여 가장 작은 수는 10개씩 묶음의 수로 하고 둘째로 작은 수는 낱개의 수로 하면 가장 작은 몇십몇이 됩니다. 수의 크기를 비교하면 2가 가장 작고 둘째로 작은 수는 4입니다. 따라서 만들 수 있는 가장 작은 몇십몇은 24입니다.

답 24

 실력 다지기

P. 82

❶

풀이 6과 4를 모으기 한 수는 10입니다. 10부터 수를 순서대로 쓰면 10, 11, 12, 13, 14, 15, 16, 17, 18……이므로 10보다 6 큰 수는 16입니다. 따라서 6과 4를 모으기 한 수보다 6 큰 수는 16입니다.

답 16

	세부 내용	점수
풀이 과정	① 6과 4를 모으기 한 수가 10임을 나타낸 경우	5
	② 10부터 순서대로 10, 11, 12, 13, 14, 15, 16, 17, 18…이라고 나타낸 경우	6
	③ 10보다 6 큰 수는 16이라고 쓴 경우	7
답	16이라고 쓴 경우	2
	총점	20

❷

풀이 10개씩 묶음 1개와 낱개 7개인 수는 17입니다. 13부터 21까지의 수는 13, 14, 15, 16, 17, 18, 19, 20, 21입니다. 이 수들 중에서 17보다 작은 수는 17보다 앞에 있는 수로 13, 14, 15, 16입니다. 따라서 13부터 21까지의 수 중에서 17보다 작은 수는 13, 14, 15, 16입니다.

답 13, 14, 15, 16

	세부 내용	점수
풀이 과정	① 10개씩 묶음 1개와 낱개 7개인 수는 17임을 나타낸 경우	5
	② 13부터 21까지의 수는 13, 14, 15, 16, 17, 18, 19, 20, 21이라고 한 경우	4
	③ ②의 수 중 17보다 작은 수는 13, 14, 15, 16임을 나타낸 경우	4
	④ 13부터 21까지의 수 중 17보다 작은 수는 13, 14, 15, 16라고 쓴 경우	5
답	13, 14, 15, 16을 모두 쓴 경우	2
	총점	20

❸

풀이 　미니 자동차는 한 줄에 10개씩 2줄과 낱개 7개입니다. 10
개씩 묶음 2개와 낱개 7개는 27입니다. 따라서 시후가 받
은 미니 자동차는 27대입니다.

답 　27대

	세부 내용	점수
풀이 과정	① 한 줄에 10개씩 2줄이 들어 있음을 나타낸 경우	4
	② 낱개가 7개 있음을 나타낸 경우	4
	③ 10개씩 묶음 2개와 낱개 7개는 27임을 나타낸 경우	7
	④ 시후가 받은 미니 자동차는 27대임을 쓴 경우	3
답	27대라고 쓴 경우	2
	총점	20

❹

풀이 　17은 13보다 4 큰 수이고 21은 17보다 4 큰 수이므로 4씩
커지는 규칙입니다. 21부터 수를 순서대로 쓰면 21, 22, 23,
24, 25, 26……이므로 21보다 4 큰 수는 25이고 ㉠은 25입
니다. 29부터 순서대로 쓰면 29, 30, 31, 32, 33, 34, 35……
이므로 29보다 4 큰 수는 33이고 ㉡은 33입니다. 따라서
25부터 33까지 수를 순서대로 쓰면 25, 26, 27, 28, 29, 30,
31, 32, 33이므로 ㉡은 ㉠보다 8 큰 수입니다.

답 　8

	세부 내용	점수
풀이 과정	① 4씩 커지는 규칙임을 나타낸 경우	4
	② 21보다 4 큰 수는 25라고 쓴 경우	2
	③ ㉠은 25라고 쓴 경우	2
	④ 29보다 4 큰 수는 33이라고 쓴 경우	2
	⑤ ㉡은 33라고 쓴 경우	2
	⑥ 33이 25보다 8큰 수임을 나타낸 경우	4
	⑦ ㉡은 ㉠보다 8 큰 수임을 나타내기	2
답	8을 쓴 경우	2
	총점	20

　　　　　　　　　　　　　　　　　　　　　　　　　　　　　　　P. 84

문제 　칭찬 붙임딱지를 준혁이는 34장 모았고, 서진이는 42장 모
았습니다. 칭찬 붙임딱지를 더 많이 모은 사람은 누구인지
풀이 과정을 쓰고 답을 구하세요.

	세부 내용	점수
문제	① 준혁이의 칭찬 붙임딱지 수를 34장으로 한 경우	7
	② 서진이의 칭찬 붙임딱지 수를 42장으로 한 경우	7
	③ 칭찬 붙임딱지를 더 많이 모은 사람이 누구인지 묻는 문제를 표현한 경우	6
	총점	20

제시된 풀이는 모범답안이므로
채점 기준표를 참고하여 채점하세요.

MEMO

이것이 THIS IS 시리즈다!

THIS IS GRAMMAR 시리즈

▷ 중·고등 내신에 꼭 등장하는 어법 포인트 분석 및 총정리

강남인강
강의교재

THIS IS READING 시리즈

▷ 다양한 소재의 지문으로 내신 및 수능 완벽 대비

강남인강
강의교재

THIS IS VOCABULARY 시리즈

▷ 주제별로 분류한 교육부 권장 어휘

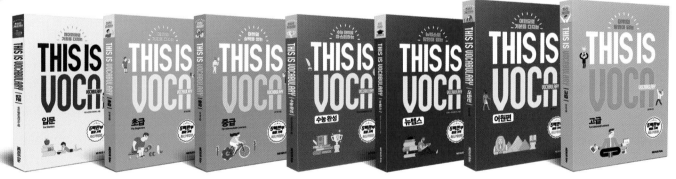

THIS IS 시리즈

무료 MP3 및 부가자료 다운로드
www.nexusbook.com
www.nexusEDU.kr

THIS IS GRAMMAR 시리즈
Starter 1~3   영어교육연구소 지음 | 205×265 | 144쪽 | 각 권 12,000원
초·중·고급 1·2   넥서스영어교육연구소 지음 | 205×265 | 250쪽 내외 | 각 권 12,000원

THIS IS READING 시리즈
Starter 1~3   김태연 지음 | 205×265 | 156쪽 | 각 권 12,000원
1·2·3·4   넥서스영어교육연구소 지음 | 205×265 | 192쪽 내외 | 각 권 10,000원

THIS IS VOCABULARY 시리즈
입문   넥서스영어교육연구소 지음 | 152×225 | 224쪽 | 10,000원
초·중·고급·어원편   권기하 지음 | 152×225 | 180×257 | 344쪽~444쪽 | 10,000원~12,000원
수능 완성   넥서스영어교육연구소 지음 | 152×225 | 280쪽 | 12,000원
뉴텝스   넥서스 TEPS연구소 지음 | 152×225 | 452쪽 | 13,800원

넥서스에듀 홈페이지에서 제공하는 '스페셜 유형'과 '추가 문제'들로
내용을 보충하고 배운 것을 복습할 수 있습니다.

동영상 강의
무료 제공

www.nexusEDU.kr/math

중학교 서술형을 대비하는 기적 같은 첫걸음

공부감각을 키워주는

영문법+쓰기 ① ②

통문장
암기 훈련
워크북 포함

이번 생에 영문법은 처음이라...

* 처음 영작문을 시작하는 기초 영문법+쓰기 입문서

* 두 권으로 끝내는 중등 내신 서술형 맛보기

* 간단하면서도 체계적으로 정리된 이해하기 쉬운 핵심 문법 설명

* 학교 내신 문제의 핵심을 정리한 Step-by-Step 영문법+쓰기

* 통문장 암기 훈련 워크북으로 스스로 훈련하며 영문법 완전 마스터

* 어휘 출제 마법사를 통한 어휘 리스트, 테스트 제공

 넥서스에듀가 제공하는 학습시스템

 통문장 암기 훈련 워크북 | 어휘 리스트 & 테스트지 | 동사형 변화표 | Aa 모바일 단어장 | VOCA TEST | 챕터별 리뷰 테스트

www.nexusEDU.kr | www.nexusbook.com

모바일 단어장
VOCA TEST

공부감각을 키워주는
영문법+쓰기 ① ②

넥서스영어교육연구소 지음 | 210×275 | 176쪽 (워크북, 정답 및 해설 포함) | 각 권 12,000원